GONGDIAN KEKAOXING GUANLI DIANXING ANLI

供电可靠性管理
典型案例

国网山东省电力公司　组编

中国电力出版社
CHINA ELECTRIC POWER PRESS

内 容 提 要

为指导各级供电可靠性从业人员开展日常可靠性管理，由中国电力企业联合会可靠性管理中心发起，国网山东省电力公司组织编写了《供电可靠性管理典型案例》。

本书共分为六章，包括供电可靠性管理综合举措、规划建设、故障管控、设备运维检修、配电自动化应用、不停电作业应用，注重结合典型案例阐述供电可靠性相关管理规定和管理方法。

本书可供供电可靠性管理人员和一线运检人员学习参考。

图书在版编目（CIP）数据

供电可靠性管理典型案例 / 国网山东省电力公司组编 . —北京：中国电力出版社，2024.8
ISBN 978-7-5198-8861-9

Ⅰ .①供… Ⅱ .①国… Ⅲ .①供电可靠性—可靠性管理—案例 Ⅳ .① TM72

中国国家版本馆 CIP 数据核字（2024）第 081439 号

出版发行：中国电力出版社
地　　址：北京市东城区北京站西街 19 号（邮政编码 100005）
网　　址：http://www.cepp.sgcc.com.cn
责任编辑：肖　敏
责任校对：黄　蓓　常燕昆
装帧设计：郝晓燕
责任印制：石　雷

印　　刷：三河市万龙印装有限公司
版　　次：2024 年 8 月第一版
印　　次：2024 年 8 月北京第一次印刷
开　　本：787 毫米 ×1092 毫米　16 开本
印　　张：19.25
字　　数：360 千字
印　　数：0001—3500 册
定　　价：168.00 元

编　委　会

前　言

　　供电可靠性是供电能力、服务质量和专业管理水平最直观最全面的体现，也是优化供电营商环境、提高"获得电力"指数的重要指标。保障可靠供电是坚持"人民电业为人民"，助力社会发展软实力的重要政治任务，为社会提供安全、可靠、优质的电力供应，是供电单位履行政治责任、社会责任和经济责任的使命担当。

　　为指导各单位供电可靠性从业人员开展日常可靠性管理，提升技术水平和专业素质，国网山东省电力公司在中国电力企业联合会可靠性管理中心指导下，充分调研总结，结合现场需要，编写《供电可靠性管理典型案例》，本书列举了供电可靠性管理各个方面的典型案例，丰富读者阅读体验，服务一线生产人员。

　　本书共分为六章，包括供电可靠性管理综合举措、规划建设、故障管控、设备运维检修、配电自动化应用、不停电作业应用，注重结合典型案例阐述供电可靠性相关管理规定和管理方法。本书可供供电可靠性管理人员和一线运检人员学习参考。

　　鉴于配电网技术快速发展，新装备不断涌现，各类管理规范要求不断补充，本书虽经认真编写、校订和审核，仍难免有疏漏和不足之处，需要不断修订和完善，欢迎广大读者提出宝贵意见和建议。

编者

2024 年 7 月

目　录

CONTENTS

第二章　规划建设

第三章　故障管控

第四章　设备运维检修

第五章　配电自动化应用

第六章　不停电作业应用

第一章

综合举措

案例1

基于"一网互联"智能精准防御的供电可靠性管理提升
——国网潍坊供电公司典型经验

简介

　　本案例主要介绍了通过建立"一网互联"的可靠性专业管理网，将可靠性理念贯穿配电网（简称配网）专业全过程管理，建立计划停电预控、过程统筹指挥、运维智能防御、诉求主动抢修、指数分析评估五类核心体系，对影响供电可靠性的因素进行深挖掘、再分析，助力全面提升供电可靠性。

一　基于"一网互联"智能精准防御的供电可靠性管理的背景

（一）经济社会发展对可靠供电提出更高的要求

　　当前新型工业化、信息化、城镇化和农业现代化进程不断加快，经济社会的快速发展使用电需求不断提升，广大电力客户已不满足于基本的用电需求，对电网的供电可靠性等供电服务的要求持续提高。

（二）供电可靠性水平与先进城市存在较大差距

　　近年来，国网潍坊供电公司持续加大投入配网建设，配网取得了长足发展，但由于基础薄弱，当前供电可靠性指标与先进城市相比差距较大，与此同时，潍坊分布式电源上网规模居全省第一，大量分布式电源、综合能源等接入配网，具有规模小、数量多、风险点难控等特点，"有源配网"网架的复杂性进一步提高，可靠供电难度凸显。随着能源供给侧改革的加快推进和电力市场化改革的全面实施，配网运行将面临日趋复杂的新情况、新问题，增加了电网安全稳定运行的难度，给可靠供电带来了更大的挑战。

（三）供电可靠性管理缺少有效管控手段

国网潍坊供电公司供电可靠性存在一级专业管理和末端执行的管控链条较长、缺少预警预控机制、信息化监督滞后、缺少线上互联互通协同等问题；横向各专业管理不畅通，管控流程和客户诉求、客户感知不同步，信息不能互融；同时缺少智能分析工具，不能及时发现短板，影响了管控能力和服务水平。因此，需要进一步强化供电可靠性管理，建立可靠性管理上下游互联互通机制，优化设备运维策略和手段，提升配网故障精准智能防御能力，延伸400V低压配网职能，提升主动抢修效率，完善智能分析方法，以客户感知反向评估管控手段促进供电可靠性管理水平提升。

二　基于"一网互联"智能精准防御的供电可靠性管理的主要内涵

以"停电少、服务好、运营优"为目标，搭建以供电可靠性为核心的供电服务指挥平台，延伸职能触角，链接一级专业管理和各类执行末端，形成"一网互联"的可靠性专业管理网。将可靠性理念贯穿配网专业全过程管理，建立计划停电预控、过程统筹指挥、运维智能防御、诉求主动抢修、指数分析评估五类核心体系，对影响供电可靠性的因素进行深挖掘、再分析，通过完善配网指挥机制，将执行前端和管理后台互联互通，压缩管控链条；通过优化提升智能管控手段，做到中压、低压配网信息互汇互融，提高全网智能自愈水平和精准防御能力；通过调整配网指挥流程统一管控标准，做到上下游互通、解决"有源配网"风险挑战，提升配网精益化运维水平；通过建立两级双向联动的主动抢修方式，提升抢修服务效率；通过开发智能分析模型、推进数据治理、深挖大数据应用，完善闭环分析评估策略。做到可靠供电"全链条"预控、"全自动"防御和"全过程"管控。"一网互联"智能精准防御提升可靠性管理逻辑图见图1-1。

三　基于"一网互联"智能精准防御的供电可靠性管理的主要做法

（一）构建停电预控的"四个一"管理机制

以超前预控、营配调服务资源统一调配的"协同中枢"为核心定位，建立"一个档案"，配电线路"一线一档"全覆盖，全面诊断配网设备状态，实施综合运维整改；建立"一个团队"，组建配网全专业团队，针对网架运行方式、设备状态、

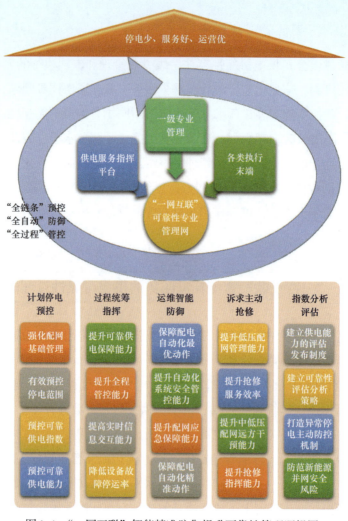

图1-1 "一网互联"智能精准防御提升可靠性管理逻辑图

健康水平，评估停电需求和作业方式，预审停电计划；建立"一个指标"，先算后停、预算分解可靠性指数，形成控制指标；建立"一个流程"，实施预控、执行过程融合管控，提高可靠供电管控能力。

1. "一线一档"诊断分析，强化配网基础管理

开展配电线路"一线一档"诊断分析，将其作为配网管理的总抓手，贯穿配网规划、运维检修、项目储备、建设改造全过程。坚持目标和问题两个导向，从缺陷隐患、供电能力、网架结构、智能化水平4个方面、27个维度，建立诊断分析标准体系，每周组织开展"专家会诊"，逐条线路出具"体检报告"、逐项问题明确解决措施，建立配电线路问题档案库和项目储备库。强化评审结果应用，"一线一档"诊断分析成果纳入配网发展规划、指导配网建设改造、支撑配网运检管理，未经"一线一档"审查的线路，不审批月度停电计划。

2.“一个团队”多维评估，有效预控停电范围

组建运维检修、方式运行、带电作业、停电计划专家团队，建立"五不批"审核标准（即未经现场勘察、未经带电作业论证、未经"一线一档"审查、未经可靠性测算、超出标准化作业时间），实施一票否决制，从源头上管控计划停电。充分考虑"一线一档"与带电预审结果，通过优化计划审查模式，加强大范围停电、重复停电与超长停电的审查力度；强化本质安全管控到位制度，科学制定方式调整与作业方案，预控带电作业造成的安全风险，做到方式最优，缩短带电作业流程，提升作业能力执行效率。集合配电线路档案会诊，实施中低压、一次、二次"综合检修"，提前发布方式调整方案，通过调整运行方式、改变负荷分配等方法满足客户的供电需求，减少对外停电；综合考虑重要客户、大型住宅小区、居民用户数、专用变压器和公用变压器台数等因素，确定可靠供电的差异标准和保障需求。

3.“一个指标”预算分解，预控可靠供电指数

实施"先算后停"，将可靠性供电指标，按照设备数量分解，超前分配到二级专业单位，按照月度、年度停电时户数控制目标；实施"一算多用"，每月统计停电设备和客户数量，拟定停电计划，改善以往只关注结果、缺乏事前预算预警、只总体管控停电数量造成时户数超支的管理形式；实施"一停多干"，结合客户需求，优化10kV配电线路主线、分段、分支线、公备台区计划，综合治理隔离问题；坚持主网与配网、基建与运检、公备与客户"三协同"，统筹跳闸压降、智能化改造、故障防御能力提升、市政业扩等重点工作，做到"线路一次停、问题全部清"；强化配网不停电综合检修，坚持"能带不停"，业扩接入、日常消缺、常规检修等工作做到完全不停电；同步开展停电时户数日监控、预算完成周分析、时户数余额月通报，评估可靠性指数，核查"逢停多检"效果，杜绝重复停电。

4.“一个流程”融合管控，预控可靠供电能力

将可靠性预控固化到配网检修核心业务流程管控，形成预控、执行过程融合流程，精确管控倒闸操作和检修过程。按照"人等设备"的原则，协调全部配合操作人员严格按照计划时间提前同步到位，按计划停电时间进行停电操作；优化操作顺序和操作方法，不影响客户停电的操作提前完成，压缩无效时间，远程控制替代现场操作，减少现场操作时间；实施标准化检修，详细明确施工前期准备、设备停电、检修方式等要求，保障检修工作刚性执行。

（二）建立统筹指挥的“四化”调控中枢

以计划停电过程管控的"指挥中枢"和故障智能自愈的"智慧中枢"为核心定位，以问题为导向，倒逼计划管控，实现对配网可靠性管理的统筹指挥。优化管控流程，

让可靠性节点流程化，提升可靠供电指挥能力。全过程管控的"调控中枢"见图1-2。

图1-2　全过程管控的"调控中枢"

1. 网架结构合理化，提升中压配网可靠供电保障能力

坚强可靠的配网网架是提高安全可靠供电能力的基础。结合配网现状、负荷发展、资源应用情况以及配网运维需求，开展配网网架运行性价比和短板分析，提出配网规划指导意见，着力解决配网供电薄弱环节、受限环节和闲置资源，加强配网联络能力分析，优化智能联络转供方式策略，实施智能联络转供人工干预，确保负荷快速准确转移，为配网供电可靠性提供坚强保障。

2. 可靠性节点流程化，提升全程管控能力

建立停电计划刚性执行体系，优化操作、检修执行管控流程，彻底解决线下沟通协调，过程控制粗放，职责不明确，无效、超期时长不能精准追溯到责任单位的弊端。将可靠性节点流程化，严把流程节点，科学调配资源，线上精确管控操作和检修时长；实行"全链条"设备异动营配调贯通，规范配网设备异动管理，确保营、配、调信息互通互融。提升供电服务指挥的保障能力。

3. 调控方式互动化，提高实时信息交互能力

建立分布式电源、储能装置高压接入的监视与控制机制，结合分布式电源"双重"身份，开展信息数据上传整改和安全风险隐患分析，实现对电源公共连接点、并网点的模拟量、状态量及其他数据的采集和必要的控制，确保电源信息准确上传和安全调控；在开放和互联的信息模式基础上，改变传统配网性质，以智能电网技术为基础，建立客户与电网之间、电网和电源之间的联系，通过双向的信息流通和能量交互，实现电源、电网和用户资源的互动协调，达到安全、经济、环境效益的最优。

4. 二次管理主网化，降低设备故障停运率

与主网相比，配网二次管理存在设备缺陷核查不及时、管理滞后、二次终端保

护投入策略不规范等薄弱环节。实施配网二次"主网化"管理，一、二次同步运维，建立隐患缺陷闭环管控机制，完善配电设备智能动作分析评估机制和消缺流程，发挥调控研判分析的主导作用，实现故障自愈研判、问题分析、异常消缺同步闭环；开展智能断路器机构动作排查和遥控定检操作，地毯式排查机构缺陷，督促二级单位及时处缺提质；把好智能设备入网关，终端接入、设备安装、调试同时到位，做到设备改造完毕一次设备送电的同时终端、保护即投入系统。

（三）完善配网精准防御的智能系统功能

以提升配网可靠防御能力为核心定位，建设新一代自动化主站系统，部署智能防御技术，提升个性化防御策略和实用化功能，提升配网故障防御能力；建立智能的"全天候"智能应急处置体系，提升应急保障能力，配网精准防御智能系统见图1-3。

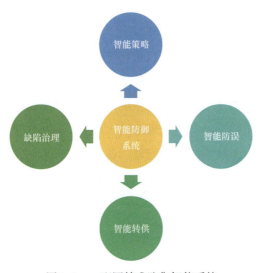

图1-3　　配网精准防御智能系统

1. 智能策略，保障配电自动化最优动作

老一代自动化自愈策略仅限于变电站保护动作跳闸，故障切除范围广，造成客户受累停电。新增分级保护动作故障自愈策略，做到分支跳闸启动重合闸和自愈功能；优化配网负荷监视、馈线自动化动作、解合环分析、转供策略等手段，解决供电"卡脖子"问题；深度分析分段选线、故障指示器、分界断路器故障异常信息，提高短路故障、接地故障定位准确率；开展配电自动化二次系统安全防护工作，线路终端加装微型硬件加密装置，提高配网终端安全防护水平和配电自动化利用率，保障配网设备的智能化率、设备品质和信息上传能力。

2. 智能防误，提升自动化系统安全管控能力

完善配电自动化系统的仿真功能、配网智能操作票模拟功能，利用图票一体化技术，实现操作票的智能生成、自动模拟、自动拓扑着色、自动安全校核，杜绝误调度、误遥控，规避误操作造成的异常停电；建立实际电力系统的网络模型，开发仿真态下的模拟操作，并提供安全校核功能，防止误操作，实现事故仿真演练及对配网操作人员的培训，提升安全调控能力。

3. 智能转供，提升配网应急保障能力

编制大面积停电事故处置策略和快速恢复供电的"一站一案""一户一策"，部署到自动化系统中，形成"一张图"，实现自动检测，自动评估、自动转供；优化处置方式，统筹营配调资源，故障抢修、缺陷处理优先采用不停电作业方式，针对短时间难以恢复供电的故障，采用新型"微网"发电方式，保障居民和重要客户、重要场所供电；实施调控、指挥人员应急备班制度，保障值班力量，实时监测配网运行动态，确保全面响应和应急保障能力。

4. 缺陷治理，保障配电自动化精准动作

推进配电线路联络点和关键节点自动化改造，实施配网设备投运、调试、消缺全流程管控，保证设备健康运行，保障故障时快速精准定位故障点、最小化隔离故障区间，缩短停电时间和停电范围；建立配网设备、终端缺陷治理规范，实时监测评价配网运行状况，指导现场及时处理缺陷，消除在运设备运行缺陷，提升设备运行水平；常态化开展自愈能力分析，梳理、备案系统中存在的数据、信息异常等缺陷，督查责任单位整改提升，提高配网自动化基础数据质量。

（四）建立停电诉求全渠道服务的主动抢修机制

以客户为中心，以建立"快速通道"、提升客户诉求效率、加快停电抢修速度为核心定位，实施横向协同、上下联动的双向响应和主动抢修；建立服务风险防范机制，不定期开展明察暗访，规范服务行为，管控服务质量，提升客户服务获得感。

1. 低压调度，提升低压配网管理能力

延伸400V调度职能，拓展低压调度业务，依托供电服务指挥系统，与10kV中压配网同标准管控；完善配电变压器计划执行流程，规范管控配电变压器计划刚性执行；建立设备异常风险传递流程，加强低压设备监测，400V智能融合终端实时上传，将客户、配电变压器停电与10kV设备信息综合研判，做到疑似停电统计向分析甄别停电转变；实施设备计划、信息监测、抢修指挥一体化低压调度管理，提升诉求服务能力和400V配网运营效率。

2. 两级响应，提升抢修服务效率

建立抢修指挥到低压网格的两级响应机制，抢修服务诉求由指挥人员，直接派发到客户经理和设备主人，指挥平台由调控、抢修指挥纵向协同，改变停电造成的抢修服务环节多链条长问题；前端客户经理和设备主人营配合一，形成服务业务快速响应体系，第一时间指导现场消缺，提高抢修效率。截至2022年底，平均每天处理各类工单200余件，全年工单处理及时率100%，业务零差错，服务零投诉。

3. 互联互融，提升中低压配网远方干预能力

用好防御技术，结合配网三级保护和配电自动化策略，设备发生故障异常时分类研判配电主线、分支线、分界保护信息，同时融合客户电能表信息精确故障位置，将线路区段研判范围精准到点，将设备研判变更为客户研判，实现故障精准隔离和非故障线段快速恢复供电；用活智能技术，将系统智能自愈、精准隔离、客户信息自动研判作为节点，人机结合，融入事故处理流程，转变事故处置方式，真正做到防御的前台智能研判和远方择优干预。

4. 角色转型，提升抢修指挥能力

监测指挥人员业务工作单一，缺乏许可管控职能，综合指挥能力弱。规范台区计划管控和信息研判，实现配网抢修指挥业务职能转型升级为低压安全运行调度；建立监测指挥人员上岗资格制度和培训机制，提高上岗门槛，从源头提高指挥人员技能素质，实现由原来的简单接派单坐席到现在低压调度指挥的角色转变；通过开展大讲堂、专项实训、现场情景考核，提升指挥人员故障抢修指挥和客户应答能力。

（五）构建配网运维全维度分析评估办法

以精准分析、精细评估的运营分析为核心定位，建立"智能化"分析模型，掌握可靠性停电时户真实数据，同步分析可靠性指标，同时重点关注大范围多户数停电事件，评估管控方式，指导各单位"靶向"解决疑难症结；以提升运行水平为目标，建立新能源入网管理机制，解决"有源配网"的安全风险挑战。

1. 可靠指数分析，建立供电能力的评估发布制度

强化可靠性指数监控力度，实施统计分析日发布、周汇总、月通报制度，常态化持续分析停电计划执行、故障跳闸、抢修过程、智能自愈等情况。汇总各个系统数据来源，实施数据整合，去除重复干扰数据，针对产生的非计划停电，分析正常运维和故障异常之间的因果关系，分析出各单位真实停电时户数，正确评估配网的可靠供电能力和水平；针对客户性质和服务反馈，分析服务过程和服务人员的能力；针对故障自愈和研判情况，分析精准防御能力；建立责任追溯"说清楚"机制，提高可靠供电的管控能力，见图1-4。

数据分析
工具
· 可靠性工作管理系统
· 供电服务分析决策系统
· 配电自动化系统

统计分析
发布
· 可靠性工作日报、周报、月报、季报
· 可靠性诊断分析报告

图1-4　　供电能力评估机制

2. 智能分析模型，建立可靠性评估分析策略

线下、人工统计数据慢，分析纬度低，不能深挖影响可靠性指标的因素，管控措施提升过缓，建立"智能化"分析平台，以400V配电设备停电和客户感知为融合点，按照日、周、月周期，科学分析可靠性指标，评估供电可靠性水平；以故障跳闸、重复停电为问题导向，实施专业分析，提高停电计划的综合性和科学性，减少故障停电次数，严控重复停电。统计分析历年负荷变化规律，结合气候特点，预测重过载线路和台区；统计分析全年投诉、故障报修工单，利用大数据分析定位设备和服务的薄弱点，督导二级单位限期整改。

3. 大数据应用，打造异常停电主动防控机制

统计分析全年停电工单，深挖影响可靠供电的根源，编制预控知识库，变"被动管控"为"主动防控"；实施配网中、低压设备信息共享，提高信息传递、事故快速研判和处理能力；实时监测供电设备异常风险，发布问题工单和预警，先于客户感知，预控停电风险；后端协调、统筹资源，做到调控、监测、抢修指挥纵向协同、一贯到底；创新滴滴打车式微信报修，实现客户一键报修、零秒派单、双向互动，使客户诉求响应提速增效。异常停电主动防控机制见图1-5。

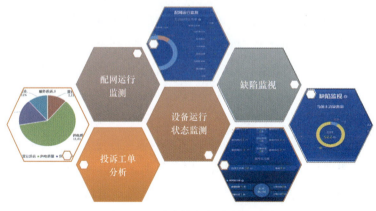

图1-5　　异常停电主动防控机制

4. 安全特性分析，防范新能源并网安全风险

分布式电源等新能源发展，改变配网运行特性，新型结构影响安全稳定运行的能力。强化分析，合理确定配网耐受水平和有功、无功调节能力，严格入网把关；统筹保障电网、用户、电源安全，解决安全与消纳方面出现的矛盾，规避分布式电源广泛接入带来的电网调控风险；督导落实反措整改，防止连锁反应引发电网事故；实施分布式运维值班人员上岗制度，编制分布式电源信息传输机制，保障分布式电源安全管控数据信息准确及安全可控、在控。

四　基于"一网互联"智能精准防御的供电可靠性管理的实施效果

（一）供电可靠性指标达到先进水平

通过开展基于"一网互联"智能精准防御的供电可靠性管理，对停电计划进行有效压减、刚性执行，减少用户预安排停电时户数；提升故障防御能力，消除隐患，减少因电网事故造成的客户停电；缩短操作时间，通过故障自动隔离和快速恢复，缩短停电时间。2022年上半年，国网潍坊供电公司全口径供电可靠率完成99.979%，户均停电时间仅0.9h，在全国普通城市中处于先进水平。

（二）供电可靠性管理水平显著提升

国网潍坊供电公司紧紧围绕构建"强前端、大后台"服务新体系工作理念，坚持聚焦客户需求、扎实开展可靠供电各项业务，充分发挥"一网互联"管控作用，压缩管控行程，提高专业管理和执行效能；安全可控解决了清洁能源大规模集中开发、分布式电源高速增长带来的安全隐患及吸纳压力；优化配电自动化管理模式及配电障碍管控技术，智能化、信息化手段为配网可靠管理提供了有力的支撑；理顺配网调控、运行、检修和营销各个环节的协同，实施调度计划的刚性执行，实现管理方式和调控行为的提升；目前潍坊10kV线路联络率为85%、智能应用实用化率为100%，线路自愈成功率提升到95%以上，增强了配网智能防御故障和防范风险的能力，提高了配网安全运行水平，减轻了工作人员的工作强度。实现业务规范，提高工作效率、配网管理水平和调控安全工作效率。

（三）客户"获得电力"服务感显著提升

树立全员服务理念，变被动服务为主动服务，从"业务为中心"向"以客户为中心"转变，规范配网抢修指挥业务，提高地县调控、抢修指挥人员业务能

力。搭建统一指挥平台，完善配网信息资源，建立从电网调控到客户服务业务快速响应的指挥体系，全面实施主动抢修模式，客户报修服务体验和抢修服务水平全面提升；优化抢修流程，提升故障抢修速度，提高抢修效率；压缩办电业务流程，有效实现营销服务提质增速，赢得了政府和客户对电力事业的认可和支持，彰显了责任央企形象。截至2022年底，客户故障报修到达现场平均时间从18.7min缩短至12.5min，同比下降33%，平均抢修时长从45min缩短至36min，同比下降20%，供电服务业务零差错，抢修服务满意率达到100%，各类诉求同比下降75%，供电服务满意率大幅提升。

"一揽子措施"全力压降配网故障
——国网济南供电公司典型经验

简介

　　本案例主要介绍了"三步走"强网行动在提升配网故障防御能力、最大程度减小故障停电范围方面的创新实践。从"最小范围停电"到"少停电"，再到"不停电"，案例精准地提出了在解决单个故障造成较大范围停电、严重影响供电可靠性问题的解决路径，在城郊、城乡结合部、城市拆迁区域、老城区等故障高发区域的配电线路改造中成效显著，有助于配网运行水平的综合提升。本案例适用于老旧城区城市配网运行水平综合改造提升参考。

一　工作背景

　　2021年，天桥辖区供电可靠性指标较差，1—9月共完成停电时户数7327.36时户，同比2020年上升51.23%。经过深入剖析，受恶劣天气等因素影响，2021年1—9月共发生故障停运27次，发生支线故障19次，停电时户数完成6281.01时户，占比85.72%，是影响供电可靠性的最重要因素。2022年，国网济南供电公司狠抓配网故障停运管控，采取"一揽子措施"全力压降配网故障，提升供电可靠性，主要做了以下几个方面的工作。

二　主要做法

　　对于10kV配网的专业化管理，中心制定了"三步走"强网行动，即从"最小范围停电"到"少停电"，再到"不停电"。

第一章　综合举措

（一）强化配网自动化建设，实现"最小范围停电"

制定首批37台智能型环网柜、45台分段断路器及25台用户分界断路器的加装计划，实现线路关键节点自动化断路器全覆盖；加强配电自动化基础能力建设，提高发现缺陷和消除缺陷能力，确保自动化断路器全部发挥作用，基本实现最小范围停电的目标。强化配电运维检修，实现"少停电"。配电自动化作用是将故障影响降到最小，却不能消除故障，故障的压降需要扎实的巡视和检修来实现，要建设专业化的运维巡视队伍，做到隐患"底细清、状况明"，扎实做好清障、绝缘化治理、用户设备治理、外破防护等工作，真正从源头上减少故障发生，实现"少停电"。强化配网智慧升级，实现"不停电"。有了前两步作为基础，两年内，中心计划再完成68台智能型环网柜、36台分段断路器及90台用户分界断路器的加装工作，实现配电自动化断路器全覆盖，加上坚强的网架结构，实现"用户故障就地隔离，支线故障不跳主线、主线故障配网自愈"，发生配网故障只影响用户自身或者一小段线路，真正做到用户"不停电"。

（二）做好配网运检基础工作

加强运维基础管理，持之以恒抓巡视，刚性执行缺陷管理流程，做到紧急缺陷"不过夜"，严重缺陷"不过月"；在区"两会"专题提交清障提案，促成区政府领导组织园林、街道召开推进会，先期完成制锦市、天东、南北村办事处清障工作；运用技术手段完成线路、台区线路连接点红外测温以及环网柜、高压柜局部放电检测"全覆盖"；综合利用人员巡视和115处可视化监拍装置，对北湖片区、洛口片区等拆迁区域集中开展"防外破"盯防；针对350余处杆塔台架裸露点，集中开展绝缘化治理，完成50套防鸟害占位器安装。1—9月累计巡视线路376条次，发现缺陷203处，消除10kV制锦线F13号杆中相断路器上口发热缺陷等紧急缺陷12处，清理鸟巢102处，清理树障1933棵。

（三）加强配电自动化深度应用

对所辖153条配电线路制定"一线一案"自动化提升策略，从站内0s定值优化、关键节点断路器保护优化、用户分界断路器定值梳理三个方面进行全覆盖，按照实用性原则共调整定值350余处，1—9月中心自愈成功率为93.3%；完成第一批37台智能型环网柜、45台分段断路器及25台用户分界断路器的加装计划；有计划地对28条具备条件的分支线投入分支馈线自动化（FA）功能，做到"用户故障就地隔离，支线故障不跳主线、主线故障配网自愈"，达到最小范围停电的目标；完成45套暂态录波型智能故障指示器装设，累计装设154套（平均每30.2基杆塔装设一组智能故障指示器），故障指示器覆盖率与覆盖密度达到理想水平。1—9月配电自动化准确判定故障区间11次，故障指示器发布异常信息19条，快速断路器和故障指示器配合，实现了接地故障快速选段、短路故障精准隔离的良好应用效果。

三　工作成效

2022年1—9月，共发生故障停运5次，比2021年同期（27次）下降81.48%；发生支线故障1次，比2021年同期（19次）下降94.74%；停电时户数完成1163.52时户，比2021年同期（7327.36时户）下降84.12%。中心配网故障压降及可靠性提升工作取得显著成效。

案例3

系统治理，多管齐下，全面提升供电可靠性
——国网淄博供电公司典型经验

简介

　　配网供电可靠性是"获得电力"水平的重要指标，本案例深挖影响供电可靠性的关键梗阻点，找准问题症结，集中专业优势资源，通过筑强配网网络提升互联互供能力、能带不停扩大不停电作业面、提升电网智能化水平压减故障停电范围、推进运检数字化提高缺陷消除质效，全面消减各类停电问题，有效提升供电可靠性。系列做法成为国网淄博供电公司"宜商三电"特色品牌的运检名片，适用于电网基础较好的城区或城镇供电区域。

　　国网淄博供电公司张店供电中心围绕供电可靠性提升目标，通过强化电网网架结构、发挥不停电作业能力、拓展配网自动化实用化应用、开展智能巡检等手段，消减各类停电问题，有效提升了供电可靠性。

一　筑强网络，提升配网互联互供能力

　　2021年8月12日，随着淄博张店营子Ⅰ线等2条线路新建工程项目竣工，顺利完成山东理工大学高可靠性示范区配套电源建设，首次建成双环网网架结构，为山东理工大学提供坚强电力保障。

　　网架结构是供电可靠性管理提升的基础。2021年，依据区域负荷密度、行政区域分界、地理条件、电网运行配置现状等综合因素，合理划分供电网格。根据不同区域经济和供电可靠性发展需求，"量身定制"各网格中远期建设目标和分阶段建设任务，实现特殊运行方式下线路负荷的全停全转；线路分段、供电半径更加合理，计划停电影响的用户数量显著降低。截至2022年10月底，完成16项配网工程建设任务，补全线路拉手位置不合理5处，消除重过载台区3个，实现全联络，$N-1$

通过率100%，合环调电率100%。江南豪庭配电室调试备用电源自动投入装置（简称备自投装置）见图1-6。

图1-6 江南豪庭配电室调试备自投装置

带有高层楼的配电室虽然都已经实现10kV双电源供电，但是发生主供电源故障停电后，影响范围广，需运维人员现场核实、人工倒电源等多个环节，给客户造成不良用电感知和不必要的损失。截至2022年9月底，已完成210座配电室备自投装置安装调试，其中不停电设施56座。城区主供电源故障时，只需500ms恢复供电。国网淄博供电公司深知双电源供电也不是万无一失，为确保电网出现重大风险时能托底、有电用，制定出在配电室双电源全部失电时的预案，就是坚持在高层小区配电室同步设计发电车接入保电箱。该项工作自2016年4月开始到2022年底，累计在82个新建小区安装保电箱，作为保证持续供电的最后一道防线。这种做法比国网典型设计早了2年多。齐润花园2号配电室发电车保电接入箱见图1-7。

图1-7 齐润花园2号配电室发电车保电接入箱

二 能带不停，压降检修消缺停电时户数

2022年8月20日，在10kV友谊线18号杆甲开展高压跌落式熔断器带电抢修工作，由于现场作业环境较为狭窄，利用无支腿绝缘斗臂车无需外撑支腿、环境适应性强的特点，有效地降低现场作业难度、缩短作业时间，减少停电用户18余户、时户数52时户。

（一）拓展带电作业的电压等级覆盖面

加强"微网"发电技术联合应用，停电、带电检修深度结合，通过综合不停电检修对施工现场预改造，最大限度缩小停电范围。

（二）推进低压不停电作业

已具备带电加装台区智能融合终端、光伏并网断路器及低压业扩不停电接火等关键项目独立作业能力。正在推广"微网"发电等综合不停电作业，推广低压不停电作业，多措并举，不断提升不停电作业的工作成效，打造"零计划停电"张店样本，以实际行动践行"以客户为中心"服务理念。10kV人寿线带电加装6号分段断路器见图1-8。

图1-8　10kV人寿线带电加装6号分段断路器

三 电网智能，缩小故障停电范围

2022年9月27日，10kV金桥线故障跳闸，自动化启动重合成功，由于该线路

启用了全自动FA功能，仅用时34s，即自动完成故障定位隔离，并恢复非故障区域供电，见图1-9。同时，运维人员根据全自动FA研判的故障范围，仅用时25min就找到了故障点。

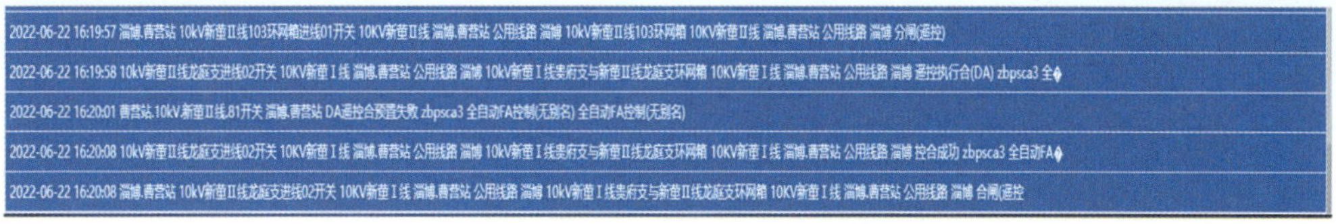

图1-9　利用配电自动化实现故障快速自愈

2022年持续推进配电自动化实用化建设与应用，推广一二次融合断路器设备，年底配电线路自动化标准化配置率达到100%。不断提升变电站出线断路器、分支线断路器等设备的故障自愈功能应用水平，实现了故障分钟级定位隔离。开展配网单相接地快速处置能力提升专项工作，加强单相接地选线准确性分析，线路接地分级保护配置覆盖率达30%，提升单相接地故障处理水平，实现单相接地故障精准研判和快速处置。2022年1—10月，故障平均停电时间同比下降43.4%。

四　智慧巡检，提高缺陷排查消除质效

提高巡视质量，推广架空线路"无人机+可视化"巡线技术应用。在重要线段增设可视化监拍装置；提升配电人员无人机操作取证率，2022年无人机操作人员取证3人，利用激光扫描、三维建模开展无人机自动巡检航线规划，2022年底前完成采集105份典型缺陷样本目标，无人机巡视覆盖率达到50%。工单驱动业务，依托"i配网"加强设备运维，实现缺陷治理工单化、可视化，确保全程闭环在控。2022年通过无人机，累计巡检配网杆塔1250基次，积累可见光照片5900张，红外图谱562张照片，发现缺陷312万处，有效保障了设备的安全运行和可靠供电。利用无人机巡视10kV积家线见图1-10。

图1-10　利用无人机巡视10kV积家线

案例4

"三面六点"法提高供电可靠性
——国网淄博供电公司典型经验

简介

　　本案例主要介绍了频繁停电管控、提高供电可靠性的典型经验，从三大维度、六项关键管控措施入手，逐层递进，多面击破，从根本上治理设备隐患，避免发生停电事件，有效压降频繁停电事件发生，确保辖区内用户供电可靠性。本案例适用于城区、城镇和农村的台区、用户的频繁停电压降治理，从运维、管理、计划等多角度出发，打造坚强配网升级参考。

一　实施背景

　　一直以来，电力企业将向用户提供安全、可靠、经济的电力供应作为企业宗旨，随着社会经济的快速发展和国家能源发展方式的转变，国民经济不断增长、人民生活水平不断提升，人们对电的依赖性越来越强。若发生停电事件，将对用户的生产和生活造成直接影响。如何减少停电现象，提高供电可靠性，已成为供电企业在提供优质用电服务过程中亟待解决的关键性问题。

二　存在问题

　　国网淄博供电公司周村供电中心根据实际运行情况和供电可靠性标准，发生频繁停电影响供电可靠性主要有以下三方面的原因。

　　（一）停电安排不合理

　　（1）发生过故障停电的线路或台区，因为停电检修、配网施工、配合迁改等工作安排，再次发生停电。

　　（2）发生过故障停电的线路台区未及时采取有效防停电措施，造成再次故障

供电可靠性管理典型案例

20

停电。

（3）开展过停电检修工作的线路或台区，因施工力量、天气突变等并未将缺陷处理彻底，导致发生故障停电。

（4）对同一台区或线路多次安排计划停电。

（二）供电设备不过硬

1. 高压设备不过硬

辖区内公共线路及台区存在裸导线的线路仍有1条，防雷重点线路3条，超高树木11处，施工开挖7处，迎峰度夏期间重过载线路3条，重过载配电变压器4台，以及客户负责运维的薄弱线路与配电室，这些都是造成频繁停电、影响供电可靠性的隐患。

2. 低压设备不过硬

低压设备不过硬主要包括公配台区居民客户设备内部故障造成的表箱断路器或变压器低压分路断路器跳闸。因客户表后线设备状况较差，造成故障范围扩大已经成为引发频繁停电投诉、影响供电可靠性的主要原因。

（三）抢修质量不达标

现场抢修工作中，部分工作人员抱有侥幸心理，有时未找到故障原因就提前送电测试，认为只要送电成功、不再跳闸，便完成工作，并没有从根本上消除故障，留下了导致日后频繁停电、影响安全及供电可靠性的隐患。

三　主要做法

通过分析以上频繁停电影响供电可靠性的原因，归纳出"三面六点"法提高供电可靠性管控的措施。"三面"指的是三个提高供电可靠性的维度，即多措并举不停电、多项工作零感知、防微杜渐化风险；"六点"指的是六点提高供电可靠性的管控措施，即坚持能带电不停电、强化设备精益运维、合理安排停电计划、环网调电零点检修、入户排查客户隐患、应修必修一次修好。

（一）多措并举不停电

1. 坚持能带电不停电

落实"不停电就是最好的服务"标准，对符合带电作业条件的工作，如带电T接引线、带电处理过热接头、带电换杆、带电更换绝缘子等，坚持"能带不停"。

2. 强化设备精益运维

通过开展常态化线路巡视和设备隐患排查，及时治理、消缺，不断增强对设备的安全管控能力，提升设备健康运行水平。

3. 合理安排停电计划

建立和更新辖区停电台账，对2个月内发生过停电的线路和台区，不再安排计划停电。

（二）多项工作零感知

环网调电零点检修。对诸如跌落式熔断器更换熔丝、低压出线调整、穿墙套管更换、变压器调挡、变压器加油等15项简单工作，坚持环网调电和零点检修，确保客户对于停电零感知。

（三）防微杜渐化风险

1. 入户排查客户隐患

对发生两次以上内部报修的客户重点记录，提前与客户沟通联系，利用客户闲暇时间进行入户排查，查找供电线路薄弱点和安全隐患，及时消缺处理。

2. 应修必修，一次修好，不留隐患

在检修工作和配电设施移交验收过程中，提高验收标准，如三供一业、老旧小区改造等，严格按照工艺标准，从T接引线到变压器，再到低压出线，直到表箱，仔细检查，督促客户及时整改安全隐患。

四 相关案例

为积极响应国家淘汰落后产能的号召，加快新时代电气化建设，加大节能减排新设备的应用，国网淄博供电公司周村供电中心率先在新一轮配网改造过程中实施淘汰高耗能变压器工作。高耗能变压器是20世纪80、90年代产品，电能损耗大，无法进一步满足日益提高的配网供电质量和供电可靠性要求，大力推广新型节能配电变压器势在必行。新型节能变压器"上岗"后，能够降低10kV线路的线损率，并且仅变压器自身损耗这一项，每年就可减少电能损耗约数万千瓦时，减少碳排量数百吨，见图1–11。

2022年7月17日上午8时，为了尽量避免给居民带来麻烦，此次更换高耗能变压器工作采用发电车保障市南生活区供电，见图1–12。在胜利村委配电室更换高耗能变压器期间，这辆发电车将持续保障市南生活区内268户居民的正常供电。国网

图1-11 安装新型节能变压器

淄博供电公司周村供电中心全力优化电力供给，持续实施供电可靠性提升工程，按照"能转供必转供、先转后停、能带电作业就不采取停电作业，不得不停电就一停多用"的原则开展电力检修工作，不断提升优质服务水平。

图1-12 发电车保障市南生活区供电

同日14时，胜利村委配电室顺利完成检修，发电车的使用在减少用户停电时间、缩小停电范围、降低施工难度方面有十分显著的效果，为配网工作的开展以及不停电作业提供了丰富的经验。未来，发电车接入停电作业现场的检修方式将逐步推广至具备接入条件的各类作业现场，保障市民的正常用电。

　　采用"三面六点"管控法以来，供电可靠性相对较高，未发生频繁停电投诉，频繁停电意见工单同比减少33%。可以看出，周村频繁停电户数明显减少，大幅降低了停电对客户的影响，客户用电体验越来越好，该方法产生的经济效益和社会效益显著，具有较大的推广应用价值。

案例5

配电线路"七防治"助力故障跳闸大幅压降
——国网济宁供电公司典型经验

简介

　　本案例主要介绍了国网济宁供电公司开展配网"七防治"专项行动，解决配电线路7类突出问题的典型实践，在防外破、防鸟害、防断路器设备故障等方面发挥了重要作用，配网故障发生率连年大幅压降，治理成效显著。本案例适用于配电线路综合治理。

一　工作背景

　　2020年以前，国网济宁供电公司配电线路故障停运率持续高升，全省排名居后，由跳闸导致的频繁停电问题，降低了配网供电可靠性，影响了客户侧供电质量。为认真践行人民电业为人民的服务宗旨，满足人民对美好生活的需求，决定开展专项行动，花大力气深挖配电线路故障根源，从管理、技术、落实、考核等各方面综合发力，对配电线路故障高发问题进行全面整治，彻底扭转不利局面，提升配网管理水平。

二　特色做法

（一）"包保＋考核"压实治理责任

1. 做实党建包保

　　组织召开了"党建＋配电线路跳闸治理"推进会，党政主要负责人参会并明确指出配电跳闸是重点工作，由国网济宁市县供电公司"党政一把手"亲自抓，是检验各单位工作成效的"试金石"。国网济宁市县供电公司一体同步建立"党政一把手"包保跳闸指标最差供电所、班子其他成员包保跳闸指标较差供电所、每名党员

第一章　综合举措

包保需重点治理线路的包保责任体系，统筹推动人员优化配置、资金精准投入、设备精准治理等措施落地。“党建+配电线路跳闸治理”专项行动方案见图1–13。

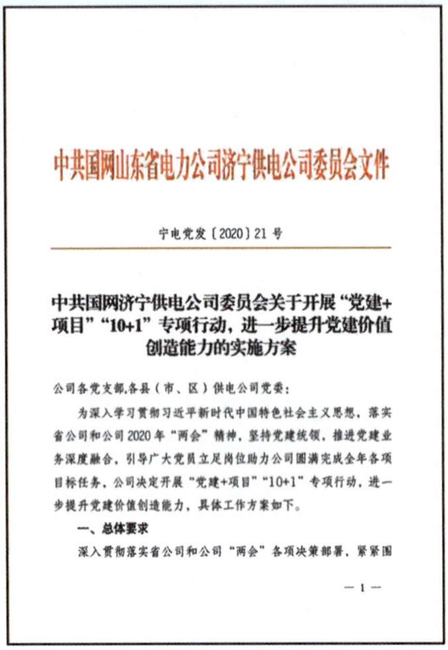

中共国网山东省电力公司济宁供电公司委员会文件

宁电党发〔2020〕21号

中共国网济宁供电公司委员会关于开展“党建+项目”“10+1”专项行动，进一步提升党建价值创造能力的实施方案

公司各党支部,各县（市、区）供电公司党委：

为深入学习贯彻习近平新时代中国特色社会主义思想，落实省公司和公司2020年“两会”精神，坚持党建统领，推进党建业务深度融合，引导广大党员立足岗位助力公司圆满完成全年各项目标任务，公司决定开展“党建+项目”“10+1”专项行动，进一步提升党建价值创造能力，具体工作方案如下。

一、总体要求

深入贯彻落实省公司和公司“两会”各项决策部署，紧紧围

— 1 —

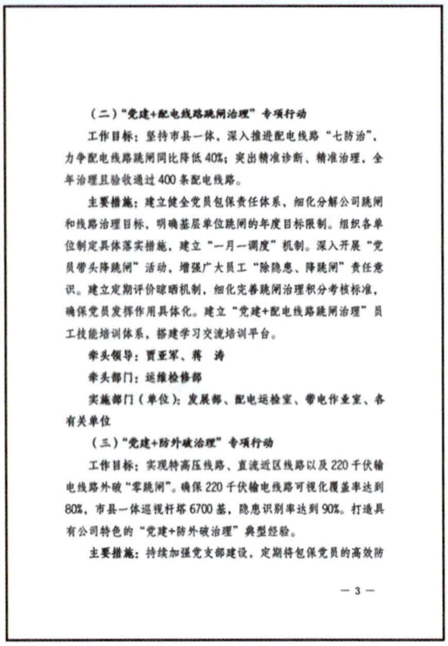

（二）“党建+配电线路跳闸治理”专项行动

工作目标：坚持市县一体，深入推进配电线路“七防治”，力争配电线路跳闸同比降低40%；突出精准诊断、精准治理，全年治理且验收通过400条配电线路。

主要措施：建立健全党员包保责任体系，细化分解公司跳闸和线路治理目标，明确基层单位跳闸的年度目标限制。组织各单位制定具体落实措施，建立“一月一调度”机制。深入开展“党员带头降跳闸”活动，增强广大员工“除隐患、降跳闸”责任意识。建立定期评价晾晒机制，细化完善跳闸治理积分考核标准，确保党员发挥作用具体化。建立“党建+配电线路跳闸治理”员工技能培训体系，搭建学习交流培训平台。

牵头领导：贾亚军、蒋　涛

牵头部门：运维检修部

实施部门（单位）：发展部、配电运检室、带电作业室、各有关单位

（三）“党建+防外破治理”专项行动

工作目标：实现特高压线路、直流近区线路以及220千伏输电线路外破“零跳闸”。确保220千伏输电线路可视化覆盖率达到80%，市县一体巡视杆塔6700基，隐患识别率达到90%。打造具有公司特色的“党建+防外破治理”典型经验。

主要措施：持续加强党支部建设，定期将包保党员的高效防

— 3 —

图1–13　“党建+配电线路跳闸治理”专项行动方案

2. 严抓绩效考核

结合各单位配网实际，差异化设定各单位目标值、限定值，重新修编跳闸专项绩效考核和安全奖惩管理办法，加大奖惩力度，强化正激励导向，引导基层员工用心开展跳闸治理工作。建立配电月度例会、早会“说清楚”、定期晾晒约谈等过程管控机制，细化完善跳闸治理积分考核标准，将跳闸绩效考核与党员量化积分、百日安全奖、评先树优挂钩，多维度激励降跳闸内生动力。通过激励机制，基层员工干事创业热情被充分激发，配电线路治理工作有效推动。配电线路跳闸治理专项考核方案见图1–14。

（二）“共性+个性”实现靶向治理

1. 共性问题集中治理

充分利用大数据手段，梳理近三年配网线路跳闸高发因素，见表1–1，对影响较大的故障原因进行聚类分析，明确设备本体、设备绝缘、建筑施工、自然因素等跳闸频发共性问题，针对每项问题制定成套措施，开展“七防治”攻坚行动。通过视频会议形式，运检部与包保党员一同逐个供电所逐条线路调研治理疑难点、可行性及必要性，最终确定400条线路开展“七防”治理挂图作战，实现精准靶向治理。

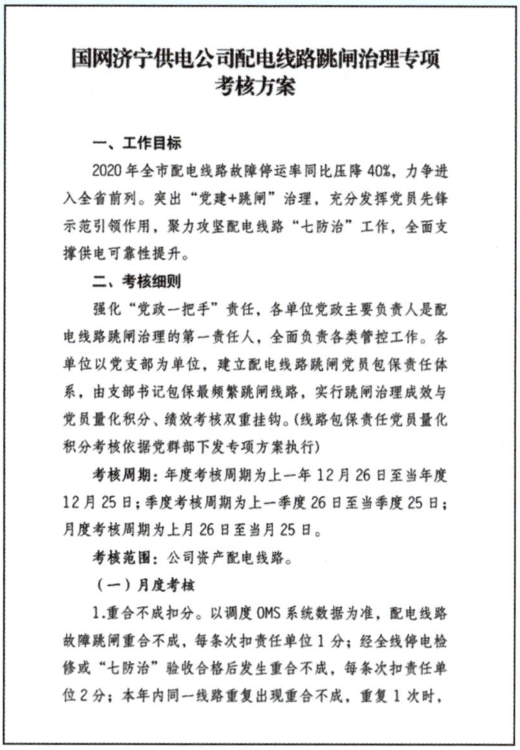

国网济宁供电公司配电线路跳闸治理专项考核方案

一、工作目标

2020年全市配电线路故障停运率同比压降40%，力争进入全省前列。突出“党建+跳闸”治理，充分发挥党员先锋示范引领作用，聚力攻坚配电线路“七防治”工作，全面支撑供电可靠性提升。

二、考核细则

强化“党政一把手”责任，各单位党政主要负责人是配电线路跳闸治理的第一责任人，全面负责各类管控工作。各单位以党支部为单位，建立配电线路跳闸党员包保责任体系，由支部书记包保最频繁跳闸线路，实行跳闸治理成效与党员量化积分、绩效考核双重挂钩。(线路包保责任党员量化积分考核依据党群部下发专项方案执行)

考核周期：年度考核周期为上一年12月26日至当年度12月25日；季度考核周期为上一季度26日至当季度25日；月度考核周期为上月26日至当月25日。

考核范围：公司资产配电线路。

（一）月度考核

1.重合不成扣分。以调度OMS系统数据为准，配电线路故障跳闸重合不成，每条次扣责任单位1分；经全线停电检修或“七防治”验收合格后发生重合不成，每条次扣责任单位2分；本年内同一线路重复出现重合不成，重复1次时，

图1–14　配电线路跳闸治理专项考核方案

表1–1　　跳闸重合不成情况统计表

故障原因分类		次数（条次）	合计（条次）
一级分类	二级分类		
用户原因	建筑施工（用户）	37	139
	自然因素（用户）	30	
	运行维护不当（用户）	3	
	车辆（用户）	1	
	设备本体（用户）	68	
外力因素	建设施工	21	70
	车辆	15	
	异物碰触	20	
	鸟害等小动物	14	

故障原因分类		次数（条次）	合计（条次）
一级分类	二级分类		
自然因素	强风	26	54
	落雷	16	
	断线	3	
	外部异物	9	
设备本体	设备质量问题	6	49
	设备绝缘问题	43	
运行维护不当	树障	11	18
	设备本体	7	
正在巡线		2	2
重合闸保持退出		3	3

2. 个性问题靶向治理

对各单位个性问题，组织开展专题分析治理。如针对鱼台雷暴跳闸断线多发问题，邀请省电科院专家现场指导，试点应用堵塞式防雷限压器新技术。针对县域老旧断路器拒动问题，以故障后5ms内发出跳闸控制信号为目标，自主研发柱上老旧断路器保护升级装置，实现配网四级级差全线快速自愈，试点县域汶上连续163天支线故障"零越级"、主干线路"零跳闸"。针对梁山用户故障高发等个性问题，制定下发10kV配电设备验收、T接和停送电管理流程，采取带电解开故障用户T接点、营销生产副总双签字验收等强力措施，重拳整治用户私自送电。

（三）"运维＋保护"配网立体防御

1. 精益配电运维管理

充分发挥领头雁作用，党员带头开展常态化隐患排查治理工作，向基于不停电检测的运维模式转变，组织开展红外测温共计11128次，超声波检测701次，累计排查治理隐患7692处。更换裸导线174.42km，加装绝缘护套20556组，安装驱鸟设施10631处，修砍树木85594棵，更换避雷器1512组，加装电缆标桩标识3696处，全力确保配电线路跳闸"七防治"长治久安。

2. 优化网架保护配置

租赁1123台一二次融合断路器，按照"先主干，再分支，后分界"的原则，统筹全市带电作业力量，2020年12月底全部安装完毕。强化配网保护定值闭环管理，完成全部配电线路17613台断路器定值排查及修正专项行动，动态完成全市1554条配电线路"出线＋分支＋用户"分级保护整定投入，配网自动化标准化配置率提升至64.11%，全自愈投入率100%，实现"最小单元隔离，最大范围自愈"。

（四）"停电＋带电"抓实治理成效

1. 能带不停，局部检修全面带电

针对绝缘化、柱上断路器等典型局部治理场景，全面推广带电作业治理手段，通过增配旁路作业工器具，加强业务技能培训，国网济宁市县供电公司均具备了独立开展复杂作业的能力，全年共开展局部绝缘化治理作业3000余项，1000余台断路器中87%通过带电作业方式安装。

2. 能转则转，停电检修带电协助

对非检修区段利用联络线路转供，没有联络线路的在检修前通过带电作业搭建临时联络点，严格杜绝无效陪停，全年旁路作业转供负荷50余项，复杂作业项目成为常规作业手段。

（五）"自验＋互查"严把验收关口

1. 明确治理标准

编制下发《配电线路故障跳闸"七防治"专项攻坚行动方案》，针对七项典型问题，分别明确治理措施，细化验收标准，真正做到了要求具体、措施可执行、务求取得实效。

2. 严格分级审查

实行市县一体双级验收，即各单位逐级自验报验、交叉互验、运检部现场逐杆巡检验收，严格"七防"标准，确保存量治理成效。全年出动验收人员1520人次，累计行程1440km，验收质量得到有效保证。

3. 全面提级验收

所有挂图作战线路全部由国网济宁供电公司运检部验收，并由运检部分管主任审核通过后方可销号，验收标准高、通过要求严，督促各基层单位避免走形式，真正破釜沉舟、真抓实干，取得实际效果。10kV线路"七防治"验收单见图1-15。

2020年度国网济宁供电公司10kV线路“七防治”验收单

线路名称		所属变电站		线路类型	
资产单位		管理班组		验收日期	
“七防治”验收情况					
验收内容	设备名称	治理重点	验收标准	验收结论	备注
材料准备	线路单线图	单线图、PMS系统设备台帐与现场一致情况，（允许手绘）	随机现场抽查三处，基本一致；	合格 □ 待整改 □	
		定值、跌落选型情况	图纸中标注的开关定值和跌落选型与现场抽检情况相符；	合格 □ 一票否决 □	
	巡视和隐患排查记录	工作规范性	能够规范定期开展巡视和隐患排查治理工作，测温等带电运检工作开展情况；	合格 □ 一票否决 □	
一、线路绝缘化治理	架空线路	第一分段（含分支）	绝缘化率100%	合格 □ 一票否决 □	
		全部主干线	绝缘化率100%	合格 □ 待整改 □	
		分支线路	绝缘化率100%	合格 □ 待整改 □	
		用户T接情况	不得未经开关或跌落直接T接	合格 □ 一票否决 □	
二、局部绝缘化治理	总体绝缘包覆情况	绝缘护套、绝缘胶带、导线护套、自固包材等	整条线路局部绝缘化无缺失、遗漏等	合格 □ 一票否决 □	
	柱上设备及附属设备	柱上开关、刀闸、零克类设备	绝缘护套型号匹配	合格 □ 待整改 □	
			绝缘护套安装规范	合格 □ 待整改 □	
			绝缘护套应开口朝下扣紧	合格 □ 待整改 □	
			绝缘护套相色正确	合格 □ 待整改 □	
		弓子线	采用绝缘导线连接	合格 □ 一票否决 □	
			两端线夹加装绝缘护套、护壳	合格 □ 待整改 □	
		避雷器引线	引线采用绝缘导线	合格 □ 一票否决 □	
			间隙避雷器放电极与导线之间绝缘化治理	合格 □ 待整改 □	
		线夹等裸露点	缠绕后尾处绝缘处理	合格 □ 一票否决 □	
		柱上变	绝缘化治理不存在裸露点	合格 □ 待整改 □	
		配电室穿墙套管	进线采用电缆或绝缘导线穿芯	合格 □ 待整改 □	
			采用防火泥封堵	合格 □ 待整改 □	
	导线局部绝缘	跨林区、塑料大棚、跨河等易受外力破坏线路	跨林区绝缘化治理	合格 □ 一票否决 □	
			跨河线路绝缘化治理，若跨河档距大于80米可用裸线但应做好局部绝缘	合格 □ 一票否决 □	
			跨河两岸杆塔加装间隙避雷器	合格 □ 待整改 □	
		鸟害严重区	易落鸟杆塔等加装绝缘护套	合格 □ 一票否决 □	
三、配电线路树障治理	市郊区、农村架空线路防护区		线路保护区内不得有树木	合格 □ 待整改 □	
			保护区外树倒后不得砸线	合格 □ 待整改 □	
	市区架空线路通道		垂直距离：裸导线1.5米	合格 □ 一票否决 □	
			垂直距离：绝缘导线1.0米	合格 □ 待整改 □	
四、电缆防外破治理	电缆路径标识标牌		电缆防外破、警示标识齐全，间距30-50米	合格 □ 一票否决 □	
	电缆敷设		电缆埋设深度规范	合格 □ 待整改 □	
			电缆弯曲半径≥15倍电缆外径	合格 □ 待整改 □	
			上下电杆电缆保护管规范	合格 □ 待整改 □	
	电缆工作井		无倾斜、变形及塌陷现象，井内无积水	合格 □ 待整改 □	
			设置安全警示标识标牌	合格 □ 待整改 □	
			满足其他电缆井运行规范	合格 □ 待整改 □	
五、防鸟害治理	鸟巢		全线排查无鸟巢	合格 □ 一票否决 □	
	市郊区、农村架空线路耐张杆、转角杆		加装防鸟刺或其他驱鸟设备	合格 □ 待整改 □	
	柱上开关、刀闸、零克类设备		局部绝缘化治理	合格 □ 待整改 □	
			加装防鸟刺或其他驱鸟设备	合格 □ 待整改 □	
六、柱上开关治理	开关安装、调试上线情况		具备自动化功能的开关均调试上线	合格 □ 待整改 □	
			开关电源侧、负荷侧方向正确	合格 □ 待整改 □	
			分段开关两侧有故指，分界开关单侧有故指，且故指无翻牌不复归情	合格 □ 待整改 □	
			调试记录规范性	合格 □ 待整改 □	
			安装位置便于操作、观察，横担、支架应平行，不得倾斜	合格 □ 待整改 □	
			引线长度合适，开关接线端子不受力	合格 □ 待整改 □	
			接续金具选取规范，铜铝过渡金具禁止使用直接焊接型	合格 □ 待整改 □	
	PT、避雷器安装情况		无多点并压情况，避雷器简单独压接	合格 □ 待整改 □	
			PT、避雷器安装在电源侧	合格 □ 待整改 □	
			PT、避雷器不能作为任何导线支撑点	合格 □ 待整改 □	
			PT二次侧有且仅有一点接地	合格 □ 待整改 □	
			二次端子接线正确FTU正常工作	合格 □ 待整改 □	
	FTU安装情况		安装高度距地面3米以上	合格 □ 待整改 □	
			控制线绑扎整齐固定	合格 □ 待整改 □	
	接地安装情况		开关、FTU、避雷器、PT均可靠接地	合格 □ 待整改 □	
			使用35mm2铜绞线、接地扁钢等接地引下，禁止使用铝导体、钢绞线	合格 □ 待整改 □	
			接地线绑扎固定牢靠	合格 □ 待整改 □	
			接地極深度不低于0.6米	合格 □ 待整改 □	
七、跌落开关治理	跌落式熔断器安装		跌落选型正确（一般1.5至2倍），禁止使用铜丝铝丝，更不能将触头绑扎	合格 □ 一票否决 □	
			熔管安装轴下角达到25°左右	合格 □ 待整改 □	
			单侧有故指	合格 □ 待整改 □	
			引下线长度合适触头不受力	合格 □ 待整改 □	
			相间距离大于30cm	合格 □ 待整改 □	
八、配网自动化	网架保护配置		第一分段为自动化调试上线开关，若为保护投入状态的断路器应满足	合格 □ 一票否决 □	
			线路满足3分段（2公里以内简单线路除外）	合格 □ 待整改 □	
			大分支线路首端有开关，小分支首端有跌落	合格 □ 待整改 □	
	终端运行情况（含DTU、FTU）		终端在线，无缺陷	合格 □ 待整改 □	
			压板在远方位置，现场指示灯无异常	合格 □ 待整改 □	
			定值设置正确，单户投入零序保护	合格 □ 一票否决 □	
			电流、电压遥测值，遥信（开关位置等）正确	合格 □ 待整改 □	
			新投运开关有遥控记录	合格 □ 待整改 □	
	自动化主站侧配置		结构清晰，开关双重名称命名规范，电压电流标签齐全	合格 □ 待整改 □	
			主站线路图与现场基本一致	合格 □ 一票否决 □	
			保护信号点表配置正确（速断过流、零序等，一二次融合断路器必须配置小电流接地告警）	合格 □ 一票否决 □	
验收结论					
“七防治”整体验收评价			是否通过验收		
验收人员			组长		

图1-15 10kV线路“七防治”验收单

（六）“监管+服务”政企联防联控

1. 完善制度依据

推动济宁市能源局、济宁市公安局联合下发《关于进一步加强全市电力设施和电能保护工作的通知》，从监管层面明确对外破行为的“赔偿损失”“行政处罚”“追究刑责”处罚措施，对严重影响电力系统运行的外破行为形成强大的威慑。

2. 强化行业监管

济宁市能源局下发了《济宁电网供电可靠性管制计划的通知》，对全市供电可靠性发展提出了明确的奖惩标准，以财务杠杆撬动供电企业不断提升管理水平，持续优化全市供电可靠率。

3. 深化政企协同

推动建立监管机构与供电企业关于电力设施和电能保护联席会议机制，理顺电力设施破坏行为报案处置流程，同时针对客户内部隐患不作为威胁电网运行安全的情况，由能源执法大队对客户下达行政指令，通过紧密的政企协同，有效解决了供电领域违法问题执法困难的困境。机制建立以来，已通过政企协同查处电力违法行为4起，极大降低了电力外破发生率。

4. 紧跟客户服务

通过向施工人员发放明白纸、电力设施保护保温杯、扑克牌等，与施工人员建立紧密沟通，及时获知现场施工情况，现场施工时专人现场指导保障人员安全，以周到服务赢得客户信赖。通过政府监管、企业服务，恩威并济，外部原因导致的线路跳闸率极大压降。全市电力设施保护工作的通知、济宁市能源行业行政执法行政处罚告知书及电力保护宣传扑克牌见图1-16。

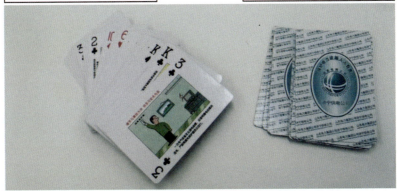

图1-16　全市电力设施保护工作的通知、济宁市能源行业行政执法
行政处罚告知书及电力保护宣传扑克牌

三　成效分析

　　2020年配电故障停运率完成0.61次/（百公里·年），配电故障停运率同比压降59.19%，超额完成年初目标任务。充分证明"七防治"找准了问题要害，措施可行，为下一步工作积累了宝贵经验。通过开展专项攻坚行动，国网济宁市县供电公司工作作风转变，更加实事求是、务求实效，同时与政府监管部门关系更加紧密，促进了其他工作开展。

扎实开展"预安排客户零停电"示范区建设
——国网济宁供电公司典型经验

案例6

简介

　　本案例主要介绍了国网济宁供电公司开展"预安排客户零停电"示范区建设的典型实践，从摸清现状、找清问题、明确措施、强化支撑、巩固提升、技术引领等方面全面开展示范区建设工作，在保持预安排零停电的基础上，实现了故障大幅压降，示范区建设工作取得突出的成效。本案例适用于城市核心区检修工作不停电替代，城镇地区可参考使用。

　　为深入贯彻落实国家电网有限公司"1135"新时代配电管理总体战略和国网山东省电力公司（简称省公司）"走在建设具有卓越竞争力的世界一流能源互联网企业前列"的战略目标，自2021年起，在省公司专业部门的大力指导下，国网济宁供电公司太白湖新区供电中心坚持以客户为中心，以提高供电可靠性为主线，集中各专业优势资源，着力打造太白湖新区"获得电力"典型示范区，配网供电可靠性取得了显著成效，可靠性指标得到大幅提升。

一 摸清现状

（一）电网现状

　　太白湖新区许庄街道发展定位为济宁市政治经济文化中心，新区规划布局合理，道路交通发达，地下管廊、排管基础设计超前。新建小区双电源配置率较高，10kV配电线路和公用变压器负载率短期较低等优势。辖区内共有10kV公用线路48条，其中架空及混合线路12条，纯电缆线路36条，绝缘化率100%。线路总长度为167.58km，其中架空线路36.27km，电缆线路131.31km，电缆化率80%，线路联络率达到100%。公共配电变压器容量263.2MW，低压供电用户6.2万，户均容量4.3kVA。

（二）管理现状

国网济宁供电公司太白湖新区供电中心配电运检班有全民职工2人，光明员工6人（原石桥供电所配电班），其中45岁以上5人，50岁以上2人，1人于2021年退休。员工平均年龄偏大，没有环网柜、电缆等运维经验，暂未组建操作队，仅能勉强维持日常工作。

二 找清问题

（一）电网设备问题

1. 联络问题

许庄街道全部公共线路实现"手拉手"，但是仍存在两个问题：一是10kV国光线不满足$N-1$；二是10kV站西线只有1个分段断路器，安装在线路首端，故障状态下无法进行负荷转移。

2. 架空线路问题

实施带电作业难点：部分电杆出现老化、裂纹、露筋等情况；位置多处于拆迁区、老旧小区，带电作业车辆无法进入，难以利用绝缘平台等进行消缺。

10kV国光线、站西线、南风线、京杭西线、湖苑Ⅰ线、湖苑Ⅱ线等线路架空部分，存在杆塔基础破损严重、接带用户多、树障多等问题。其中国光线2020年8月最高负载率达到80%，属于重载线路。

3. 线路通道问题

经过排查，已发现架空线路通道一般及严重树障131处，共计839棵。电缆隧道主要问题是涉水，运河路、火炬路等主要路段电缆隧道均发现不同程度渗漏、进水。

4. 隐患排查问题

经过排查，发现架空线路危急缺陷2处（已消缺）、严重缺陷1处，一般性缺陷17处。辖区内环网柜总数131个，其中环网柜基础沉降33处急需进行修复，围栏、警示牌共82处需维修。

许庄街道辖区内分布着张营、李集、甄庄、毛行、尹营等片区涉及老旧台架变压器及配电室变压器25台，低压架空线及电缆运行情况较差。

5. 居民电压问题

电压合格率99.06%，18个台区存在电压不合格问题、涉及用户117户，主要集中在国光南、毛行、李集等待拆迁村庄等区域。

（二）人员不足问题

2名全民职工和6名光明员工，负责48条10kV公用线路48条、404个公用台区（658台变压器）、6.2万低压用户的运维、检修、抢修等所有业务；员工中45岁以上有5人，员工平均年龄偏大。环网柜、电缆等运维经验不足，操作人员匮乏，难以满足"预安排客户零停电"示范区建设要求。

三　具体措施做法

（一）10kV国光线重载解决方案

已储备国光Ⅱ线新建项目，进行负荷分流。改造后区内全部线路均可实现N-1。

（二）10kV站西线分段不合理解决方案

利用带电作业，在10kV站西线10号杆、19号杆加装分段断路器2台，实现线路合理分段，增加运行方式的灵活性，提升故障状态下负荷转供能力。

（三）老旧线路改造方案

1. 配合市政工程对线路进行入地改造

结合太白湖新区整体规划，由政府主导，对太白湖12条架空或混合线路逐步入地改造。改造过程中，采取旁路作业和发电作业相结合的方式，实现用户切改零感知。

2. 采取"带电+发电"作业方式对老旧线路进行改造

针对暂时没有入地改造计划、但线路确需改造的老旧线路，应全面采取绝缘斗臂车、绝缘平台、绝缘脚手架、中压发电、低压发电等多种方式，实现老旧线路改造用户零感知。

（四）树障缺陷处理

采用"普通高空作业车+绝缘杆"或直接使用绝缘斗臂车方式，及时对树障进行清理，确保线路安全稳定运行以及清理树障时的人身安全。

（五）环网柜基础及标识标牌治理

编制施工计划，对环网柜基础进行修复或加固，补充完善设备标识牌和安全警示牌。对于环网柜基础沉降严重需重新制作基础的，需采取线路负荷转供和双电源台区运行方式调整，结合发电作业，实现环网柜停电用户零感知。

（六）老旧台区改造

结合市政规划，做强台区运维。分区域对台区进行改造，采取低压发电作业方式，实现低压改造用户零感知。

（七）居民低电压治理

配电班建立客户低电压日监测制度，逐台区、用户分析低电压原因：挡位不合理的，及时进行挡位调整；低压电缆卡脖子，安排大修项目进行专项治理；超供电范围的，有就近电源的就近改接，无法就近改接的新增变压器布点，彻底解决客户低电压问题。

（八）补强运维人员力量，强化人员技能

按照配网"预安排客户零停电"示范区规模和建设要求，需完善小组人员配置数量和结构比例，提供充足的人力保障。各专业部门要在专业技术、资金预算、物资供给、配套设施等方面提供全力支持，为配网"预安排客户零停电"示范区建设提供有力支撑。

1. 增配人员力量

为做强精益运维，加强智能运检，缩短应急抢修时间，需增加日常巡视运维人员6人，高压应急抢修及操作人员6人，以提升区内运抢能力。

2. 提升人员技能水平

立足运维、检修、带电、电缆、二次、抢修、工程等7个配电专业，打破专业界限，通过集中培训和分散培训相结合的方式，对许庄街道所有运维人员进行全业务培训，使其熟练掌握配网全业务理论知识和技能操作，全体员工均取得配网不停电作业资质证书，深化"能带不停"意识，满足示范区配网预安排客户零停电作业工作要求。

3. 充分发挥台区经理作用

对示范区内用户设备逐一排查，督导用户对缺陷问题及时进行整改。

四　加快项目储备，优化网架结构

为实现取消计划停电的目标，需要进一步优化配网网架，建成坚强智能的配网网架。优化"十四五"规划，建立10kV配网项目储备库，重点做好110kV南郊变电站与文体变电站、科苑变电站、学苑变电站的10kV联络，提高线路互联互供率。优化17条空载、轻载专线，腾出变电站10kV间隔5个。重载线路1条（10kV国光线），2022年8月17日迎峰度夏期间最高负载率达到81.6%，已储备项目进行负荷转供。

五　强化不停电作业支撑

秉持"不停电就是最好的服务"理念，坚持"能带不停"的原则，强化带电作业中心支撑能力。调整带电专业班组职责划分，常规作业力量向示范区倾斜。增强人员配置，配齐配强履带式绝缘斗臂车、绝缘平台、绝缘脚手架等装备，全面应用"带电+旁路+发电"等新技术，实现业扩T接、配网检修、隐患消缺等所有工作不停电，全力支撑供电可靠性提升。自成立以来，已申请带电作业20余次、带电加装自动化断路器2处、消缺10处、业扩T接8处。7月29日，国网济宁供电公司运检部与带电作业中心相互配合，成功实现首次"微网"中压发电+带电作业消缺，保证了湖苑Ⅰ线东方御园800多用户正常供电的前提下，更换断裂转角杆，消除了一起倒杆的重大风险。

六　做实常规运维和智能运检

严格落实配网运检相关制度、标准和规范要求，进一步明确巡视、检测、检修、消缺、抢修、业扩等工作标准，加强宣贯落实，做到有据可依、有据必依。严格遵循定期巡视和季节性运维措施要求，提高巡视质量，确保巡视到位率100%；合理制定检测计划，利用在线监测、红外、超声波等带电检测手段开展设备状态评价，提升配网运行管控能力；建立应急方案，实行24h值班带班制度；依据日常巡视及检测结果，积极创造条件，实现检修、消缺、抢修、业扩等业务不停电实施，降低用户停电感知度，提高用户供电可靠性。2022年夏天以来，中心通过采用超声局部放电、红外测温等先进的不停电检测状态检修技术进行了三轮次的迎峰度夏配电线路设备巡视，发现严重隐患和危急隐患共32处。

七　细化任务目标，定期督导通报

将配网"预安排客户零停电"示范区确定的目标和工作任务进行分解，细化成具体工作计划和实施项目。将各项重点工作任务明确时间节点、定责任，分解任务到人，逐级抓落实，逐项抓推进。运检部每月组织召开配网"预安排客户零停电"示范区建设工作例会，对示范区建设各项工作进行研究、分析、总结、协调和整体推进。示范区建立月度指标监控工作制度，跟踪督办存在的问题，加强计划执行考核，实现常态化闭环管理。

八　取得成效

通过"预安排客户零停电"示范区，示范区内不再安排影响客户用电的计划停电，实现全业务不停电作业化率100%，截至2022年10月底，实现配电线路"零跳闸"，全年在运的62条配电线路故障跳闸次数同比降低了41.5%，重合成功率达到87.5%，故障停运仅3条次，核心区许庄街道年户均停电时间不超过0.2h。

案例 7

配电能源互联网建设
——国网临沂蒙阴县供电公司典型经验

简介

　　本案例主要介绍了电力供应更为可靠、光伏并网全部接纳、实时掌握分布式光伏的运行状态，试点建成"源、网、荷、储"为一体的微型电网，起到削峰填谷作用，提高供电可靠性，在解决台区出口过电压、台区末端低电压问题等方面成效显著，同步考虑负荷发展需求，应用系统思维开展台区综合提升参考。

一　工作背景

　　国网临沂蒙阴县供电公司担负着10个乡镇、1个省级经济开发区和云蒙湖生态区，共计28万户供电服务任务。辖区内有110kV变电站7座共计703MVA，35kV变电站9座共计289.7MVA，变电站全部实现双电源双主变压器供电；10kV线路117条共计2032km，公用配电变压器3083台共计822MVA，10kV线路联络率达100%。截至2022年10月，全县光伏并网总容量42.3万kW，其中35kV集中式光伏电站3座8万kW，10kV分布式光伏电站11座3.65万kW，0.4kV分布式光伏10798户30.65万kW，并网数量和容量均居全省前列。光伏产业的迅猛发展，在为老区人民带来收益的同时，也给电网安全运行带来了极大的考验和挑战。具体问题如下。

（一）不能实时掌握分布式光伏的运行状态

　　分布式光伏发展的初始阶段，由于缺少技术支撑，对光伏用户分布情况不能全面掌握，对实时的电压、电流、运行状态更没有监测手段，对出现的问题疲于应对，苦于找不到解决问题的根本措施。实时采集掌握光伏并网有关数据，实现共享、共用，为电网规划、调度、运检、服务等专业提供技术支持，成为当务之急。

（二）设备反向重过载问题非常突出

国网临沂蒙阴县供电公司共有110（35）kV变电站16座，配电台区3008个，2020年售电量11.6亿kWh（仅高于长岛），电网最高负荷27.48万kW。2020年共有193天出现负荷倒送，最大倒送负荷达12万kW。全网16座变电站都有分布式光伏接入，其中10座变电站出现过倒送，3台主变压器出现了反向重过载。2306个台区接入了低压分布式光伏，占台区总数的77%。有420个台区光伏并网容量超配电变压器容量的80%，2020年因光伏发电造成的反向重过载配电变压器达96台次。

（三）光伏发电造成的过电压问题十分棘手

逆变器出口电压的高低决定能否并网和发电量的多少，并网户为追求利益最大化，往往把逆变器出口电压值尽可能设置到最高，普遍保持在260V左右，甚至达到290V，严重影响了电压质量，也存在烧坏家用电器的现象，2020年因光伏导致的过电压有2.5万户次，占过电压总数的85%。

（四）光伏反送电带来了检修安全问题

经排查，在蒙阴境内的逆变器品牌多达24种，由于缺乏统一的行业标准，有的设备无防孤岛保护功能，有的设备有此功能却未投入或未校验，形同虚设。既为停电检修额外增加了核实运行状态的工作量，也存在反送电导致的触电隐患。

（五）光伏接入给管理工作带来新课题

按照配电能源互联网建设思路，加强智能融合终端实用化应用，在八达峪村试点建成智能融合终端与柔直、储能、充电桩的典型交互场景，为源网荷储互动、微电网运行积累了一定的经验。

二　主要做法

全面开展台区智能融合终端实用化应用示范区建设，全省率先实现台区智能融合终端和光伏分界断路器"两个全覆盖"。

2021年5—7月，全力推动国网台区智能融合终端实用化应用示范区建设，制定台区融合终端建设实施方案，在管理上实行"一把手亲自抓、分管领导包保抓"的工作机制，建立运检部、供电所、消缺队伍三级管控体系，全面压实台区融合终端安装、调试、验收、运维、消缺各环节责任，累计到岗到位监督50余次，消除缺陷61处。推行边端设备一键式配置方式，调试效率提升70%，提前2个月完成了第一批2576台智能融合终端的接入任务，剩余的507台于2021年12月全部接入，在全省率先实现了台区智能融合终端全覆盖。同步对10798户低压分布式光伏客户安装"光伏分界断路器"，全省率先实现低压分布式光伏用户监视全覆盖。

（一）实施安全生命周期管控，规范运维管理

建立完善的融合终端施工管控及技术支撑体系，研发部署终端全生命周期管理模块，开发完善终端供货前检测、到货全检、投运（调试）、退运、缺陷管理六类应用，对终端施工、调试等工作进行全过程跟踪。加强投运、退运流程管控，掌握新上配农网工程施工计划，送电前同步验收、同步调试，确保验收、调试、生产管理系统（PMS）异动关联、退运等流程管控到位。规范验收标准，制定台区智能融合终端（终端侧、主站侧）验收标准口袋书，明确终端运行状态、安装工艺、接线工艺、采样信息和主站运行状态、图模、基础程序验收标准，达到验收标准规范统一。强化日常缺陷管理，明确缺陷的分类分级、处理流程和验收标准，完善缺陷发现机制，及时掌握设备缺陷状况。

（二）采用不停电安装方式，确保供电安全可靠

针对架空线路、电缆线路等不同台区类型和安装方式，编制六类标准化不停电作业指导书，组织召开0.4kV配网不停电作业现场会，开展3轮次低压带电作业技能培训，3083台智能融合终端、10798台光伏断路器全部采用不停电方式安装接入，改造实施过程中未有客户投诉，建设周期内报修工单同比压降13%，大幅度降低建设改造对客户用电和供电可靠性影响。

（三）加强政企有效联动，促进光伏有序建设

为解决光伏发电造成的过电压问题，积极向地方政府汇报，继《临沂市分布式光伏建设规范》出台后，2021年8月11日，国网临沂蒙阴县供电公司与发改局、审批局、住建局联合出台了《蒙阴县分布式光伏建设规范实施细则（试行）》，从项目备案、电气技术、工程验收、运行维护等12个方面提出了管理和技术要求，特别明确了发电电压上限，要求并网户必须服从供电企业调度。2021年8月20日，县发改局、国网临沂蒙阴县供电公司、光伏安装商共同参与联席会议，对光伏电压上限调整工作进行了部署安排，在已有政策支持的前提下，循序渐进地投入光伏分界断路器过压保护，争取从政策、技术和投诉风险三个维度解决好过电压调整问题。2021年，通过对

1769户光伏并网户投入过电压保护，光伏过电压问题同比下降55%。2021年同比2019年因电压质量造成的投诉数量下降了34.5%，消除过电压用户数4.9万户。

三　工作成效

（一）建立"源、网、荷、储"并存的微网运行模式，就地消纳光伏负荷

在试点八达峪村配置两套容量138kWh低压集中式储能装置，建立水井公用变压器、村中4号公用变压器、恒温库专用变压器3台配电变压器低压直流柔性互联系统，实现微网运行、分布式光伏就地消纳和削峰填谷，满足试点村135户居民全部用电需求，实现台区发用电负荷均衡、容量互济，彻底解决该村重过载和低电压问题，试点区域内电压合格率98.6%、供电可靠率99.966%。

（二）试点应用升压变压器，降低光伏对台区电能质量影响

随着并网收益稳步提高和投资成本大幅下降，并网用户逐年增多、台区容量受限严重。针对客户提出的光伏并网申请受限问题，试点新上400kVA升压变压器，将并网负荷通过升压接入10kV黄土山线，解决了并网申请受限问题，同时避免了光伏过电压并网对台区居民电能质量的影响。

（三）应用光伏柔性控制，保障电网运行质量

选取八达峪村等3个公用变压器台区和18台光伏逆变器，试点安装光伏协议转换器，实现逆变器与台区新型融合终端通信互联。部署相关控制策略，根据光伏并网点周边用户电压及台区运行负荷，对光伏逆变器并网功率进行动态调节，既保证电网可靠安全运行，又保障光伏用户发电效益。

（四）营配数据融合，数字化助力精准服务

依据省公司制定营配融合数据交互工作方案和"伴听"技术路线，强化融合终端营配数据融合，在融合终端全覆盖的基础上，将已完成低压电力线高速载波通信（HPLC）户表改造的3000余个台区通信模块由单模通信更换为双模通信，同时在主站侧对通信模块进行升级，具备接收HPLC户表数据的能力，在主站侧绘制到户低压拓扑图形，将用户电流、电压、冻结电量、停电信息上送到主站，基于营配数据融合贯通实现低压台区可视化监测、故障精准定位、主动抢修等功能。

案例B

打造四轮驱动引擎、攻坚"三变三为"转型助推供电可靠性管理提升
——国网德州平原县供电公司典型经验

简介

　　本案例主要以新型设备管理体系建设为主线，顺势而为、主动求变、多管齐下、转型升级，打造"四轮驱动"引擎，攻坚"三变三为"转型，实现设备"四全"（全寿命、全业务、全过程、全流程）管理，着力提升现代设备管理体系"六化"（专业化、数字化、智能化、标准化、流程化、制度化）水平。本案例适用于城镇、农村地区可靠性管理全业务综合提升参考。

一　工作背景

（一）供电可靠性提升的重要意义

　　做好供电可靠性提升工作是优化营商环境和提升供电服务的必然要求。为人民群众供上电、供好电是电力企业的初心，可靠的供电保障是优质服务的根本，"不停电就是最好的服务"这句话始终不会变，也不能变，供电可靠性是对一个城市、一个单位管理水平的综合评价。在世界银行关于营商环境的评价体系中，"获得电力"供电可靠性是一项关键指标。国家电网有限公司要求新时代设备管理必须抓实供电可靠性"一条主线"，省公司要求坚决落实全员可靠性管理理念。供电可靠性的高低，对于供电企业，意味着售电量和业绩考核优劣；对于客户，意味着营商环境和服务水平的高低。

（二）可靠性提升存在问题和不足

　　在设备管理方面面临较大压力，在电网规划、设计、建设、运维、检修、改造及抢修等方面存在诸多问题，制约着供电可靠性管理水平提升。主要存在以下问题。

1. 从客观条件上分析

随着电网设备规模越来越大，数字化、智能化电网设备和智能终端、融合终端等新设备、新工艺逐步普及应用，需要大批专业技术骨干进行支撑。

2. 从主观条件上分析

（1）队伍业务技能不足。在设备规模增加的同时，设备运维人员却在减少，并且运维人员普遍存在年龄偏大、学历较低、业务技能素质不高等诸多问题。

（2）思想观念转变不到位。从公司、到部门、到专业、到班所各级人员思想观念未能彻底转变，仍受固有思想观念束缚，未能深入、全面认识到供电可靠性的重要性、必要性和严峻形势，未采取有效措施促进供电可靠性的全面提升。

（3）设备专业管理粗放。

1）停电计划管控不严。停电计划未进行带电作业审核把关，造成重复停电、停电面积过大、停电时间较长、能带电而停电、能转供而停电的问题，造成计划停电时户数居高不下。

2）设备验收把关不严。施工工艺质量较差，关键工序、关键节点未严格管控，造成设备带病入网，埋下隐患。运检管理水平不足。设备运维管理责任缺失，存在管理死角、漏洞和短板，导致因外力破坏、异物、鸟害、树障、设备本体等运维责任故障跳闸率居高不下。

3）隐患排查治理不到位。隐患排查质量较差，不能及时发现电网设备的隐患，尤其是电缆设备隐患，且缺陷管理不实，造成隐患发现晚、定性不准确、消缺不及时等问题，未形成有效的闭环管理，导致设备故障频发。

4）应急处置能力不强。故障防御能力较差，设备故障查线、抢修及应急处置能力不强，造成故障停电范围大、损失负荷多、停电时间较长，抢修物资不满足实际需求，部门专业之间配合不流畅。

5）带电作业支撑不足。带电作业能力不强，受队伍人员少、设备装置少、复杂作业能力不强、地形限制，未能实现全业务不停电作业。

6）用户侧设备管理缺失。用户产权电力设施普遍存在无人管理、配电房防护措施不完善、老型号电力设备内部绝缘老化严重，存在不坏不修、不坏不试、设备状况老旧、经高温或风吹雨淋后易发生故障等问题。

3. 从外部环境上分析

设备运行环境日趋复杂，极端恶劣天气频发，市政、城建等各类施工频繁，大棚、防尘网等异物点多面广，这给设备运维管控提出了更高的要求。

4. 从内部设备上分析

（1）配网网架基础不强。配网标准化结构率低，联络率低，$N-1$负荷转供能力低，配电自动化深化应用不足。

（2）主网供电能力不强。变电专业存在主变压器重过载、一二次设备老旧问题，不满足双电源、双主变压器、单母线不分段、线路–变压器组电气接线方式；进线存在相交差，不能实现有电调负荷；备自投装置投入率低，消防设施配置不全，压板管理不到位。输电专业存在超期服役线路1条，超过20年老旧线路5条，且线路建设标准太低、交叉跨越对地距离不足，杆塔脱砂漏筋严重，铁件、金具、导地线锈蚀严重，存在绝缘子老化龟裂现象，线径细不能满足负荷增长需求。

综上所述，深刻剖析存在的问题及不足，设备管理水平与人民对美好生活的电力需求矛盾突出，推动管理变革已成为时代之题，推动新型现代设备管理体系建设势在必行，是提质增效的必由之路，也是当前及今后一段时间内攻坚突破的重中之重。当前，科技发展日新月异，慢进是退，不进更是退，百舸争流，奋楫者先，要紧跟时代发展的步伐，着眼未来发展趋势，以新型设备管理体系建设为目标，打造"四轮驱动"引擎，攻坚"三变三为"转型升级，锚定方向，多管齐下，久久为功，发扬钉钉子精神，一张蓝图绘到底，建设一流的现代坚强电网，打造一流的现代管理队伍，争创一流的优秀业绩，为新型现代设备管理体系建设贡献力量。

二　工作思路及措施

（一）总体思路

认真践行"人民电业为人民"企业宗旨，贯彻落实省市公司重点工作要求，坚持以客户为中心，以新型设备管理体系建设为主线，顺势而为、主动求变、多管齐下、转型升级，打造"四轮驱动"引擎，攻坚"三变三为"转型，实现设备"四全"（全寿命、全业务、全过程、全流程）管理，着力提升现代设备管理体系"六化"（专业化、数字化、智能化、标准化、流程化、制度化）水平。

（二）主要措施

打造"四轮驱动"（改革驱动、智能驱动、人才驱动、管理驱动）引擎，攻坚"三变三为"（变停为带、变抢为防、变被动为主动）转型，树牢市县一体协同、政企一体联动、一张网理念，执行"两制双清单"，实施"三双管理"，树立"三个意识"，落实"四项举措"，筑牢"五道防线"，落地双盲式"五五"应急演练，强化电缆"六防管理"，坚持"六个结合"促人才，打响"九大歼灭战"，建设"全业务不停电作业体系"，实施"强网工程"。

（一）打造"改革"驱动引擎

1. 抓好供电可靠性提升这条主线

坚持以提高供电可靠性为主线，将新型设备管理体系建设贯穿电网规划、设计、建设、施工、验收、运维、检修及故障抢修等安全生产全业务，主配网协同发力，专业部门横向到边、纵向到底，明确管理职责分工，形成发展合力，为"山东精彩""德州贡献"注入"平原力量"。

2. 抓好管理变革这个抓手

（1）思想转变。以客户为中心，坚持"能带不停、能转不停"原则，实行"预控式"管理，可靠性管理"一票否决"，以压减计划停电、压降故障停电为重点，用实际行动践行"不停电就是最好的服务"。

（2）机构转变。落地运检机构调整，成立输配电和变电运检两个中心，专业力量更充实、设备管理更精益。

（3）技术转变。实施技术替代，建成智能运检管控中心，既有效缓解了人员老化、人才缺失问题，又提高了设备运检水平，使电网供电可靠性得到有力保障。

3. 抓好软硬兼施这个手段

（1）硬件方面。坚持电网规划建设顶层设计、标准引领，坚持优化网架结构布局，坚持"基建+租赁+技改大修+盘活退运"多管齐下，加快老旧设备改造"步伐"，跑出平原"加速度"，推动配网自动化建设，深化配网自动化应用，提升设备本质安全水平。

（2）软件方面。严把验收质量关，着力提升电网设备精益运检水平、智能运检水平、配网自愈水平，实施用户侧设备同质化管理，构建全业务不停电作业体系，培养一支"召之即来、来之能战、战之必胜"的电力铁军队伍，全面提升应急处置能力。

（二）打造"智能"驱动引擎

1. 加快变电智能转型升级

在官道站驻地建设智能运检管控中心，开展视频、设备状态、烟感等数据检测上传，开展变电站压板智能巡检系统试点应用，强化35kV饮马店变电站二次压板状态实时监控、变位告警，推进"无人值班+集中监控"变电运维模式建设，推动运维人员向"设备主人+全科医生"转变。

2. 加快输电巡检体系完善

实施通道巡视可视化替代工程，实现35～110kV线路通道可视化全覆盖，可视化通道隐患采取"工单式、闭环式"管控模式，向"特巡防护＋应急处置"转变。实施设备本体巡检无人机替代工程，无人机可见光巡检步入"常态化、标准化"巡检正轨，实现110kV无人机巡检全覆盖，建成"立体巡检＋集中监控"输电运检新模式。

3. 加快配电感知水平提升

（1）加快一二次融合断路器安装，配电自动化标准化配置率达到100%，配电线路短路故障自愈率提升至80%。优化配电自动化主站FA功能，推广接地故障分级保护，分级保护覆盖线路接地故障自愈率达90%。

（2）推进融合终端建设应用，存量公用变压器监测覆盖率100%。

（3）深化3大类55项工单实用化应用，支撑一线班组开展主动巡视、主动运检、主动抢修；高质高效开展抢修类工单，国网自动直派工作，与时间赛跑，压降抢修处置时间。

（三）打造"人才"驱动引擎

1. 坚持集训和内训相结合

组织精干人员参加省市公司全能型变电员工、无人机、激光清除异物装置和电缆技能等实训。在省市公司实训后，结合实际工作组织内部培训，巩固学习效果。

2. 坚持集中和自主相结合

坚持"用什么、缺什么、补什么"，专业管理部门开展集中业务学习，职工根据自身情况制定个人学习计划。

3. 坚持理论与实践相结合

坚持在工作中学习，在学习中工作，实现理论与实践的相互促进。

4. 创新与实际相结合

坚持创新来自实际问题，又必须要用于解决实际问题，想办法、出措施、解难题，提升创新创效工作的质效。

5. 坚持走出去和引进来相结合

走出去，到先进单位学习先进管理经验；引进来，邀请专家人才专题授课，答疑解惑。

6. 坚持业务学习与技能比武相结合

努力营造比学赶帮超的浓厚学习氛围和竞争意识，实现业务学习与技能比武的相互促进。

（四）打造"管理"驱动引擎

1. 坚持"市县一体"推进，凝聚强大发展合力

市县一体化促进了国网德州市县供电公司同质化管理，国网德州平原县供电公司由自转向公转转变，由单打独斗向大兵团作战转变，形成了上下联动、协同推进的工作格局。

（1）"抓管理、强技术"，装备队伍实现一体化推进。配置激光清异物装置和无人机等先进装备，先进装备一体化；组织全能型变电员工、无人机取证、激光清除异物装置和电缆全过程管理等培训比赛，实现人员培训一体化；统一制定巡视、检修两个清单，明确变电站进出线设备运维检修分工，实行电网设备主人制，试行运检业务市县一体区域协作模式，开展运检专业观摩学习，实现专业管理一体化。

（2）"强基础、补短板"，电网发展实现一体化推进。为解决6座35kV变电站重过载问题，国网德州市供电公司倾斜主变压器租赁项目4项，并辅助主变压器轮换手段，迎峰度夏期间主网设备未出现重过载，实现设备重过载治理一体化；先后三次现场调研指导平原县省级化工产业园，并科学调整220kV平原四输变电工程站址位置及建设时序，实现电网科学规划一体化；组织开展中低压配网项目储备工作，并形成常态化管理模式，实现一流配网储备一体化。

（3）"高标准、严考核"，工作模式实现一体化推进。工作质量和标准、绩效考核、市县专业协同一体化，纵向沟通更加顺畅，减少工作流程，提高效率，弥补业务支撑、技术手段、信息资源共享方面的不足，可以集中优势力量办大事，有利于国网德州平原县供电公司更好更快发展。

2. 坚持"政企一体"联动，构建电力设施保护长效机制

国网德州平原县供电公司积极向县发改局汇报电力设施安全隐患，努力构建政府统一领导、企业依法保护的电力设施保护体系，并促请县发改局组织召开全县电力设施安全隐患专题会议，推动通道隐患清理工作，对电力通道内树障、防尘网、违章建筑等危及线路安全的行为进行督导，有力保障了电网安全稳定运行。

3. 树立"一张网"理念，促进用户侧设备同质化管理

（1）延伸设备服务触角，加强用户设备管理工作，运行单位定期组织技术骨干人员对用户设备提供上门检查服务。

（2）加强用户侧设备隐患排查治理。检查设备运行状况，检查安全工器具是否合格，检查设备周围运行环境，对重大设备缺陷要及时下发通知书，阐述设备故障给自身带来的危害，改善用户电力设备的运行水平，并报送政府安全部门。

（3）提升用户侧设备运维人员技能水平。运行单位组织对用户的设备管理和使用人员进行培训，提高用户设备管理和使用人员的技术水平，避免人为原因和设备巡视管理不到位造成的线路故障。

4. 落实"四项举措"，备战重大活动（节日）保电

（1）纵向构建三级包保体系。国网德州平原县供电公司领导、专业部门、基层班所分级包保输变设备、配电线路、台区，梳理保电重点区域9个、重要设备40项、重点客户4家，网格化管控到人，确保设备全覆盖、职工全参与、责任全落实。

（2）横向建立八大专业协同机制。成立保电领导小组，下设综合协调、安全督导、优质服务、调控运行等8个工作小组，整合抢修资源，依托产业单位和外委资源，实现设备全专业、全过程、全方位。

（3）竖向打造四重联防联控防线。结合电力设施保护、优化营商环境、提供优质服务等工作，实施"四进"走访编排计划，建立政府、企业、客户和国网德州平原县供电公司四重联防联控网络，深入开展客户安全用电宣传，在台区、楼道张贴安全用电告知书7835份，实现电力设施保护政府、企业、用户、供电公司全参与。

（4）全域打响"五查式"设备隐患歼灭战。设备运维单位开展"清单式"自查，执行一线（站、台区）一患一档一策、销号式管理，隐患前、治理中、消缺后"三张照片"佐证材料存档验收；设备运维单位之间开展"交叉式"互查，不打招呼、任意指定单位之间"突击式"监督，排查问题质量纳入考核；专业管理单位开展"随机式"抽查，对隐患排查及治理问题在生产群内"曝光式"通报，责令限期整改；开展"拷问式"检查，利用现场督导调研、大早会随机指定运维单位汇报保电各项工作开展情况。

5. 筑牢"五道防线"，提升设备精益运维水平

（1）筑牢思想防线。全面排查、广泛宣传，深入施工现场讲解政策法规，告知外破风险点和防范措施，切实增强群众主动护线意识。

（2）筑牢管理防线。与施工单位建立沟通联系机制，严格执行施工作业审批制度，全面了解施工计划、大型机械使用情况和安全技术措施。

（3）筑牢人员防线。合理安排护线力量，强化人才培养，通过挂牌督导、随机查岗、微信报到等监督方式，确保巡视人员压力传导、责任执行到位，提高巡视质量和效率。

（4）筑牢技术防线。加强可视化监拍系统应用，施工密集区段及恶劣天气时缩短监拍周期。对交跨安全距离不足的施工区段加装警示灯、警示牌等警示标识。

（5）筑牢治违防线。提前对输配电线路防护区内的施工作业进行风险辨识，及时安排人员在现场蹲点指导和监护，对危急线路运行的作业行为做到"早预防、早发现、早制止、早处理"，确保外破危险点在控、可控、能控。

6. 做实电缆"六防"，提升电缆全过程精益管理水平

（1）编制工作方案。以电缆"六防"管理为重点，对于存量设备，向下延伸减存量，开展全面、深入的隐患排查、电缆检测，挖掘设备的隐患，消除隐患于萌芽状态；对于增量设备，向上扩展控增量，在规划、设计、施工、验收等环节层层把关，从根源上消除电缆隐患，杜绝电缆带病入网，投产送电后，做好线路巡视、监测、试验等工作。

（2）组建柔性团队。依托变电运检中心、城区供电中心、输电运检中心组建电缆柔性团队，从电缆设计图纸审查、施工旁站监督、运维技能培训、故障查找分析等方面提升电缆管控质量。

（3）严抓设备台账治理。对电缆线路设备台账再梳理，开展电缆普测、现场定位，提升数据准确性，确保台账、图纸和现场一致，为电缆设备运行维护、检修试验、改造维修奠定坚实基础。

（4）严抓施工质量验收。对于基建、大修技改、配农网、业扩和居配等工程，在施工阶段，加强重点电缆工程旁站监督，实施物料采购、附件制作、现场施工等全过程监管，加强材料选取、施工工艺、关键工序等重点环节管控，确保施工阶段质量过关；在验收阶段，执行新投运电缆"一工程一评价"机制，新建工程投运后一个月内开展"一工程一评价"，对电缆施工单位、施工质量、施工工艺进行全面评价，连续两次评价较差者，减少（降低）其承揽电缆工程项目数量，连续三次及以上评价较差者，禁止继续承揽电缆工程。

（5）严抓设备精益运维。在电缆通道运维方面，持续开展电缆及通道防外破工作，加装可视化监拍装置或明显警示标识，确保外破高发区域电缆线路可视化全覆盖。在电缆检修检测方面，定期开展电缆设备红外测温、局部放电等带电检测，及时发现电缆的隐患，及时消除隐患，确保电缆安全可靠运行。

（五）变"停"为"带"，逐步取消计划停电

1. 推行"预算式"停电管理模式

"先算后停、一停多用"，停电计划审批流程嵌入带电作业审核，坚持"能转必转、能带不停"，统筹优化基建、技改和检修工作，科学安排停电计划，减少重复停电。

2. 深化"预警式"管理理念

挂牌督办例行巡视，全面应用红外测温、超声局部放电等带电检测设备，提高带电检修消缺的针对性，累计带电消缺518处。

3. 实行"任务池"带电作业管理办法

消缺、业扩接火等作业需求全部入池。由池建表，按轻重缓急统筹排定作业计划表，做到安全、有序、高效实施，作业计划入池率达到93.9%。

4. 持续补强带电作业力量

主业持续补强带电作业力量，2020年带电作业班新调入3名全民员工，带电作业已达到"11人两车"。

5. 提升复杂作业项目能力

主动沟通国网德州供电公司参加复杂作业项目现场参观学习，加强人员交流培训，以实干代培训，常态化开展三、四类带电作业项目，逐步突破复杂带电作业瓶颈，提高四类带电作业能力，攻坚作业地形限制。

6. 打破施工环境限制

不断拓展不停电作业方式，加强绝缘脚手架应用，提升绝缘杆作业法开展能力，推行带电作业在变电站改造等综合不停电检修中的应用，突破作业地形限制禁区，降低施工环境因素对带电作业影响，实现带电作业全区域、全地形覆盖，结合"微网发电"等多手段、全维度做到"能带电，不停电"。

（六）变"抢"为"防"，大力压降故障停电

1. 实施"三双"管理，提升设备精准检修水平

（1）实行"双审查"机制。由专业管理部门在计划前对作业风险高、施工复杂和工期较长的作业审查检修方案，确保工序安排合理；作业前再对三大措施、工作票及作业指导书进行审查，确保计划刚性执行。

（2）实行"双检测"办法。检修前组织开展"无人机＋红外测温＋人巡"的多轮次巡检，根据巡检情况编制消缺清单，确保"应检必检"；检修后再次对设备进行带电检测，跟踪复测检修质量，确保检修后"零缺陷"。

（3）实行"双监护"措施。检修中，由施工单位安排专人监护现场作业，与视频监控设备实现"线上线下"同步安全管控；由设备运行单位安排专人与检修作业人员"同进同出"，指导监督施工质量，确保"修必修好"。

2. 树牢"三个意识"，提升设备安全防范能力

（1）树立危机意识。坚持关口前移，结合天气、季节和设备运行等特点开展针对性巡视排查，提前下发设备风险预警通知单，重点区段、重点隐患点采取差异化巡视。提前落实季节性措施管理，全力做好节假日、重大活动设备运维保障工作。

（2）树立服务意识。推行全业务不停电作业模式，推广"状态问诊＋智能运

维"模式，统筹发电、不停电作业力量及资源，坚持"能带不停"原则，实施"一转二带三发"工程。

（3）树立精品意识。坚持源头管控，配网工程执行"两制双清单"验收管理机制，争创"十佳标准化示范项目部"，严把设备质量验收关。大修技改工程实行"一项目一评价"，强化分包队伍管理，关键工序、环节采取旁站监督＋留存影像资料，不定期开展"四不两直"检查，强化监理履职尽责，每日报送监督日报。

（七）变"被动"为"主动"，攻坚快速复电

1. 改善网架结构强联络

坚持问题导向，大力攻坚主网老旧设备改造升级，实施"南部强网工程"、城区强网工程。坚持以"网格化"规划为引领，持续改善配网网架布局，加快联络建设，提高站间、线间10kV转供能力。着力攻坚35kV相角差解决方案，主变压器容量受限，无法有电导负荷问题，加快提升变电站备自投装置投入率，提升主变压器容量配比，减少运行方式变化造成的负荷损失。

2. 优化二次配置助自愈

（1）推进配电自动化标准化建设，加装一二次融合分段断路器，加强配网设备智能监测，加装暂态录波型故障指示器，提升标准化配置，通过"系统预判＋人工研判"精准快速识别故障区间。

（2）开展配网继电保护整定计算专项行动，完成111条配电线路保护定值整定，优化保护与配电自动化配合策略，强化故障快速就近隔离和非故障区域快速自愈。

3. 提升应急处置能力

（1）编制应对恶劣天气应急响应工作方案。为正确、快速、有序、高效地防范和处置飑线风、强对流、雷暴等恶劣天气造成的电网、设备损坏事件，最大限度地防范或减少影响和损失，提前做好各项应急准备工作，编制方案。

（2）下发关于规范设备故障处置各级管理人员到位标准的通知。为规范电网设备故障处置现场各级管理人员到岗到位监督管理，统筹做好设备处置协调，达到设备故障快速隔离、修复，迅速恢复供电的目标。

（3）开展双盲式"五五"实战应急演练。依托微信平台，基于"推演＋实战"的"五五"应急演练方案，设置五个实操场景、五支保障力量、五个评估小组、五个观摩小组，通过五个维度检验各单位故障查线、设备抢修等应急处置能力。

（4）建立应急抢修指挥平台。故障信息第一时间传递，抢修队伍、车辆和应急物资统一调配，增加故障查线时间、及时编制抢修方案、组织队伍现场抢修、加强

抢修过程管控，提升抢修质效，尽可能缩小停电范围，缩短停电时间，减少负荷损失等影响。

四 打造"四轮驱动"引擎、攻坚"三变三为"转型实施效果

（一）优化设备管理体系流程，设备管控更加精益

1. 风险预警关口前移

完善双重预防机制，结合电网设备季节特点、运行规律以及工作需要，发布预警通知书63份，明确阶段性巡视重点和防护措施。

2. 电力设施齐抓共管

"政企一体"协同开展电力设施保护工作形成长效机制，联合发改局开展"两排查两提升"专项行动，发出隐患整改督办单5份，清理电力线路防护区内树障3.6万余棵。

3. 管理体系流程顺畅

理清责、权、利三维界面，修订完善电网设备故障、用户平均停电时间、设备故障应急处置、工程质量验收等一系列管理规定，构建了"责任明晰、做有参考、行有标准、问责有据"的科学管理体系。

4. 应急处置高效运转

注重应急能力建设，狠抓实战练兵，组织完成"突击式""双盲式"综合应急演练，实现抢修效率和优质服务水平双提升，平均抢修时间降低21%。

（二）坚持规划建设引领，规划投资更加精准

1. 电网规划方面，坚持以"顶层设计"为导向

明确简化电压序列理念和方向，以"十四五"期间110kV电网"全链式"、35kV电网"理存量、控增量"和10kV网格化规划理念全覆盖为目标和原则，完成整县域开展"网格化"配网规划，建成规划库210项，共3.91亿元。

2. 项目安排方面，坚持以"薄弱问题"为导向

35kV单主变压器、不满足 $N-1$ 及多级串供问题全面解决，110kV链式结构占比提升至84.62%。重点用户全部实现双电源、运行方式问题治理比例37.21%，重点解决10kV单辐射、不满足 $N-1$ 等问题，储备项目资金达1.1亿元。

3. 项目审批方面，坚持以"精简流程"为导向

坚持推动县发改局、自然资源局等9个部门联合印发《平原县简化优化电网项目审批流程实施细则》。

4. 项目建设方面，坚持以"争优创先"为导向

基建工程实现5项基建工程、4项主网租赁改造工程，以及大批大修技改、配网工程按期保质保量投产。

（三）设备改造攻坚突破，供电能力更加可靠

1. 设备改造攻坚突破

（1）变电设备突飞猛进。完成南部4座变电站整站改造，创造"一月送四站、一周送三站"的强网新纪录；新建110kV变电站2座，提升更换（轮换）、新增主变压器18台，消除35kV变电站单主变压器问题，消除主变压器容量重过载问题，备自投装置投入率达到100%，二次设备实现"零超期"服役。

（2）输电设备加速奔跑。改造老旧输电线路达60余km，铁塔275基，线路本质安全水平大幅提升。

（3）配网设备质效并举。配网设备新建改造配网线路95km，安装自动化断路器325台，联络率100%，N–1通过率91.58%，户均容量达到2.85kVA。

2. 供电能力更加可靠

（1）班组对标全省最优。2021年度，全年班组对标指标实现GPA满分。

（2）线损指标全市最好。同期线损连续12个月入选"百强县"，入选数量居全市第一。

（3）设备故障大幅压降。变电设备连续2年保持"零跳闸"，输电线路责任跳闸降至3条次，过境线路未发生通道责任跳闸事件，配电线路故障分别同比降低58.46%、64%。

（4）供电可靠性大幅提升。2020年，供电可靠率99.94%，同比2019年提升0.0085个百分点；用户年平均停电时间5.0498h，同比2019年降低0.6729h。2021年，供电可靠率提升至99.95%，用户年平均停电时间降至4.4514h，同比2020年降低0.5984h。

（5）质量大幅提升。2021年，低压用户侧居民电压合格率上升至99.30%，抢修工单662件，同比2019年降低29.2个百分点。

（四）建成智能运检监控中心，设备管控更加智能

全力做实智能运检，建成首个智能运检管控中心。

1. 变电智能转型升级

县域内率先开展变电站压板智能巡检系统试点应用，率先实现35kV饮马店变电站二次压板状态实时监控、变位告警，实现变电主设备监控系统接入，设备状态

感知能力进一步扩展，实现"无人值班＋集中监控"变电运维模式落地生根，有力推动运维人员向"设备主人＋全科医生"转变。

2. 输电巡检体系完善

可视化通道巡视替代工程卓有成效。可视化全覆盖通道巡视频次提升至每10min一巡、通道隐患响应时间降至15min以内，及时发现并处理通道外破、异物等隐患70余次，杜绝外破故障发生。无人机本体巡检替代工程作用凸显，无人机巡检贯穿线路验收、巡视、检修、故障查线及抢修等业务全过程，充分发挥全方位、无死角技术优势，110kV线路自主巡检全覆盖、无人机可见光巡检全覆盖，赋能基础班组管理，"立体巡检＋集中监控"输电运检新模式步入正轨。

3. 配电感知水平提升

配网防御能力大幅提升。完成新一代自动化主站切换运行工作，完成180台一二次融合断路器安装，安装智能融合终端803台，配电自动化标准化配置率提升至90%，FA准确率为100%。工单驱动业务高效运转，实现三大类54种工单数字化管理，试点开展抢修工单直派应用，建立配网指挥"最短链路"，频繁停电发生率指标先进性全省第二。

（五）构建不停电作业体系，营商环境更加优良

1. 构建不停电作业体系

（1）补强作业队伍。2020年新调入3名全民员工，均已取证。带电作业已达到"11人两车"，其中6人具备三、四类复杂带电作业能力，国网德州平原县供电公司居首。

（2）突破地形限制。在全市率先独立完成绝缘脚手架带电作业项目，率先使用"绝缘斗臂车＋绝缘脚手架"联合作业模式。

（3）实现增供扩收。配网不停电作业指数达96.5%，业扩接火率为100%，减少停电时户数9.56万时户，多供电量121.5万kWh。

2. 营商环境更加优良

（1）服务营商环境建设。坚持"让电等项目，不让项目等电"的原则，为平原县招商引资项目快速落地提供坚强的电力保障。2020年，广州海大集团食品加工项目、天津龙骏成速冻食品项目、六和食品项目等签约落地平原县，打造形成了以广州海大、德雷特淀粉、美国宜瑞安为代表的百亿级食品加工产业链。2021年，一大批新材料、新技术、新能源等大型项目落地平原县，为平原县的未来发展插上电力的翅膀。

（2）服务经济社会发展。2021年售电量首次突破24亿kWh，达到24.54亿kWh，

同比增长12.43%，为平原县经济社会又好又快发展奠定坚实基础，平原县年度国内生产总值（GDP）同比增长11.46%，与国网德州平原县供电公司售电量增幅基本一致。

（3）服务群众美好生活。践行"你用电、我用心""不停电就是最好的服务"，通过采取带电作业业扩接火、消缺等措施，有效实现了人民群众零停电感知，为人民群众对美好生活的需求与向往提供了有力的电力支撑，2021年用电形势趋紧的情况下，涉及民生的负荷没有限制一度电。

（六）强化人才队伍成长，业务能力更加精湛

1. 营造了浓厚的学习氛围

广大员工实现由"要我学习"到"我要学习"的转变，由"要我成才"到"我要成才"的转变，由"学用脱节"到"学用结合"的转变，涌现出一大批"一专多能"的复合型专家人才，1人荣获"山东省五一劳动奖章"称号，多人获德州市首席技师、德州市技术能手、德州市创新标兵、平原工匠等称号。

2. 经受住了严峻的考验

有效应对"6·2"强对流天气、支援夏津、驰援郑州、北京冬奥会保电等急难险重任务，1名员工作为"援豫抗洪抢险贡献突出人员"代表在省公司发言，展现了队伍高昂的"精气神"面貌，彰显了国网德州平原县供电公司"走前列、做表率"的担当形象，为国网德州平原县供电公司更好更快发展奠定了坚实基础。

3. 取得了竞赛调考的好成绩

在全市电力调度、配电自动化、无人机和变电检修"全能型"技能竞赛中全部荣获团体一等奖，在全省配网工程业主项目经理调考中取得个人第二名的好成绩。

4. 获得了创新管理的突破

获得发明专利授权7项，申请15项，6项创新成果获得省公司级及以上奖项，2项提质增效典型案例入选省公司成果集。

案例 9

基于多专业协调耦合的数字化配网管理
——国网枣庄供电公司典型经验

简介

国网枣庄供电公司高新供电中心结合国网枣庄供电公司战略，围绕对电网本质安全工作要求，针对配网主要工作内容，依托助力区域配网供电可靠性管理提升改进过程的具体举措，从对标指标体系、专项工作要求中选取城网供电可靠率、农网供电可靠率、城网电压合格率、农网电压合格、设备智能化率、业务数字化率以及设备在线检测覆盖率等关键指标形成改进提升工作重点监测指标，用以衡量专业改进的绩效水平。

一 管理目标

（一）对战略目标支撑

随着电力系统"双高""双峰"特征愈发明显，对电网供电可靠性要求愈发严苛，而配网供电可靠性关乎人民群众正常生产、生活，需要电力企业严格落实国家电网有限公司供电可靠性管理体系建设工作要求，分层分级夯实安全责任，实现供电可靠性指标管理与配网业务管理深度融合，高质量推进配网管理数字化转型，打造综合素质高的可靠性专业管理队伍，实现配网工作向"在线化、移动化、透明化、智能化"方式转变。

（二）管理现状

提高城乡基本公共服务均等化水平，对供电可靠性、供电质量和优质服务提出了新的标准，现有配网管理模式难以适应国网枣庄供电公司发展战略和电网安全运行要求。国网枣庄供电公司高新供电中心以深化卓越绩效管理试点应用为契机，借助卓越绩效管理模式中"如何实施关键过程，以持续满足在过程设计中确定的要求，并确保过程的有效性和效率"等一系列"过程的实施与改进"具体评价要求，对配电专业管理流程进行全方位诊断，从方法、展开、学习、整合对专业管理流程进行全方位梳理，并通过结果指标的分析，确定配网管理现状及改进机会。

1. 方法层面

在传统方式下的配网专业管理下，可靠性管理体系建设需要进一步完善，提升供电可靠性为主线的理念在配电专业管理体系需进一步加强，将供电可靠性指标管理与配网业务管理进行深度融合，从而构建完善的区域供电可靠性管理体系。

2. 展开层面

在区域供电可靠性管理过程中，在应对经济社会快速发展和用电需求不断提升，用户对电能质量、服务水平等提出了更高的要求的大背景下，围绕省公司及国网枣庄供电公司配网建设工作要求搭建了相应的制度管理规范的工作实施要求，但是受限于现阶段基础建设水平、资源投入以及队伍建设等方面的不足，区域供电可靠性管理过程中存在配网不停电作业发展不平衡、配网自动化水平有待提高以及可靠性管理理念纵深贯彻不足等问题，区域配网供电可靠性受到一定程度影响，需要进一步加强配网基础管理水平，以提升区域配网供电可靠性。

3. 学习层面

一方面，随着国网枣庄供电公司供电指挥中心以及配电自动化主站建设，现有指标体系需围绕供电管理的发展形势进行相应的调整和整合，构建新的指标体系，对现有的工作方式进行有效的监控和分析。另一方面，随着网格化管理模式的不断完善，应对投诉管控及监督整改建立完善的投诉追责、问题分析、改进提升的闭环管理机制。

4. 整合层面

现阶段对供电服务指挥系统、配电自动化系统、台区智能终端、用电信息采集等自动化、信息化手段还未形成有效的整合机制，部分系统尚处于独立运转，无法与其他系统进行有效联动和整合，需要进一步将各种信息系统进行有效整合，以充分发挥各项系统的最大效能。

通过对原有配网管理模式在方法、展开、学习、整合等维度诊断分析，发现在传统配网管理模式下，区域配网供电可靠性管理呈现出"营商环境需进一步改善""经营管理水平仍需提升""配农网发展投入不足"等状况，无法满足当前省公司提出的"讲政治、精业务、敢斗争、勇争先"的十二字精神特质，严重制约当前供电可靠水平和电力营商环境进一步提升。

（三）指标及目标

围绕对电网本质安全工作要求，针对配网主要工作内容，依托助力区域配网供电可靠性管理提升改进过程的具体举措，从对标指标体系、专项工作要求中选取城网供电可靠率、农网供电可靠率、城网电压合格率、农网电压合格、设备智能化率、业务数字化率以及设备在线检测覆盖率等关键指标，形成改进提升工作重点监测指标，用以衡量专业改进的绩效水平。相关专业绩效指标及指标值情况见表1–2。

表1–2   相关专业绩效指标及指标值情况表

指标	原值（2020 年）	改进后（2021 年）	2022 年目标值
城网供电可靠率	99.965%	99.973%	99.981%
农网供电可靠率	99.820%	99.853	99.900%
城网电压合格率	99.995%	99.997	99.999%
农网电压合格率	99.876%	99.902	99.929%

二 管理实践

（一）管理策略

针对管理诊断过程中发现的改进机会，围绕推进配电运维模式优化中的"降低重心、贴近设备、强化基础、精益管理"工作思路，借助卓越绩效管理模式，推动配电专业对管理过程进行全方位诊断，提出区域配网供电可靠性管理提升办法，从完善区域供电可靠性管理体系建设、推动区域配网供电可靠性和综合管理水平实现双提升、推进配网管理数字化转型三个方向改进提升，实现供电可靠性指标管理与配网业务管理深度融合，组建综合素质高的可靠性专业管理队伍，建立健全指标考核体系，配套建立投诉管控及监督整改机制，有效完善供电可靠性管理体系建设，实现配网工作向"在线化、移动化、透明化、智能化"方式转变。

（二）管理做法

以网格化运维为基础，推进供电可靠性指标管理与配网业务管理深度融合，实施配网"1+2"运维模式，推动以提升供电可靠性为主线的理念在配电专业管理中形成共识，从完善区域供电可靠性管理体系建设、推动区域配网供电可靠性和综合管理水平双提升及配网数字化转型等多个维度配合，建立健全指标考核体系、投诉管控及监督整改机制，落实配网供电可靠性管理改进工作，有效实现区域配网供电可靠性和综合管理水平双提升。

（1）由抢修中心负责配网调控运行、停送电信息报送管理、配网故障研判和抢修指挥、配网运维和检修计划执行管控、非抢修工单处置、重要服务事项报备、服务信息统一发布、服务事件稽查监督、供电服务指挥系统应用、移动作业设备现场管控、电子渠道数据统一在线监测、配网抢修指标管控、营销及生产类设备（计量装置、变压器等）运行状况监测、配网设备的运行状态监测等。

（2）被动抢修变主动，提高客户电力获得感。对配网设备运行数据实时监控，当配网设备发生故障时，供电服务指挥系统发出报警，值班人员使用用电信息采集系统，对故障区域的配电变压器三相电压、电流主动召测，确认故障存在，停电信息自动录入系统。平台主动推送工单到该片区负责人的手机配电抢修移动APP。同时，抢修中心值班人员电话通知设备管理班组进行现场抢修，被动抢修变主动，有效降低98898报修工单及投诉事件数量，提高客户电力获得感。

（3）强化设备状态监控，实现高质量供电。对配网线路末端电压、配网线路及配电变压器负荷等实时监控，及时掌握全网配电变压器负荷情况，对出现的异常配电变压器早发现、早治理，实现低电压、重过载从发现、确认、治理到效果评估全过程闭环监控的目的，提高供电质量。

1. 完善区域供电可靠性管理体系建设

中心配网专业以抢修中心及配电自动化主站为基础，通过标准化管理、人才培养及配套机制建设完善，优化供电可靠性管理体系建设。

（1）推行配电线路指标化管理。通过量化分解指标，强化责任落实，推进配网运维精益化管理。充分发挥抢修中心，开展供电服务大数据挖掘、统计、分析、应用，研究设定配网故障率、运检责任投诉率、设备重过载率、营配数据贯通率等关键指标体系，通过量化数据体现工作成效。每月分析存在问题，提出治理策略和方案，并由生技科督促整治，根据关键指标体系，建立健全指标考核体系，确保重点工作得到落实，切实提升配网精益化管理能力。

（2）强化监督整改，提高设备健康运行水平。常态开展配网线路运行工况监控，对于重过载线路，及时采取负荷调整及运行方式变更措施，解决线路重过载问题。同时积极开展异常配电变压器监控及治理工作，提高配网设备健康运行水平。并针对监控结果，深入开展数据分析，按"先运维、后改造"的原则有计划开展配网薄弱环节治理，研究一次性解决方案。建立以供电可靠性提升为引领的规划机制，分析电网、设备、管理等方面影响供电可靠性的薄弱环节，精准开展配网规划，有效解决制约可靠性提升的影响因素。

（3）落实人员责任，强化投诉管控。按照《高新供电中心配电线路及配电变压器台区频繁停电考核管理办法》要求，严格控制非计划停电，每月临停超过1次的线路纳入月度绩效中进行考核。层层落实责任追溯，各单位要严格执行设备主人制，对于故障频发的设备主人必须进行问责，因人员服务引起的投诉，要对责任人进行严肃处理。同时积极推进运检责任投诉事件闭环管理，投诉事件处理按照标准流程执行，实行全过程闭环管理，使每个环节都经得起调查、每件投诉都经得起回访。并针对高投诉区域、高投诉线路进行重点分析、重点管控，建立高投诉线路、高投诉台区档案，逐线逐变排查原因，制定切实可行的治理方案并督促实施，树立主动服务客户意识，做好停电后信息告知和解释工作，切实降低运检责任投诉率。

2. 推动区域配网供电可靠性和综合管理水平双提升

以提升配网不停电作业及停电计划管理水平为切入点，推动区域配网供电可靠性和综合管理水平双提升。

（1）加快推进配网不停电作业，全面提升不停电作业率和业扩不停电搭火率。严格落实配网不停电作业体系建设方案要求，深入推进带电作业管理体系高效运转，同时积极发挥带电作业中心引领作用，拓展不停电作业项目，不断提升配网不停电作业能力，实现不停电作业工作目标。大力推广区域配网绝缘杆不停电作业法，实现业扩接电、断接引线、通道清障、缺陷消除等常规检修作业的全面应用。

（2）强化停电计划"五级五控"管理。全面推行停电计划"五级五控"管理方案。健全停电计划"五级五控"，将停电范围精确到各班组、街道和小区，坚决杜绝因对外停电范围填报不准确而引发的投诉事件。同时压缩停电时间，根据各环节工序所需要的最短时间来确定停电检修时间，有效组织所需要施工力量，避免因投入的施工力量不足造成停电时间的延长。最大限度减少停电次数，做到"一停多用，综合检修"。对3个月内有重复停电事项（包括故障停电）的计划，严格管控，确保配网设备年均停电检修不超过2次，间隔时间不少于6个月，对3个月内停电次数已达到2次的执行预警管控，杜绝对用户短期内重复停电。与此同时，积极优化作业方式，优化施工方案，细化统筹作业工序，最大程度压减停电作业时间，提高停电检修工作效率。对于具备带电作业条件的一律实施不停电带电作业。

（3）推行配电线路运检周期"差异化"管控机制。健全完善配电线路、设备基础台账，针对每条线路投运时间、运行状况等状态进行综合评估，根据投运时间、运行状况采用绿、黄、红不同颜色对每条线路进行标注。适当延长"绿色"区域线路巡视周期，将巡视重点放在状况差"红色"区域线路及设备上，突出线路巡视的

"差异化"管理。在综合评估的基础上，针对性开展"差异化"检修。结合"差异化"运维结果，调整检修策略，将建立重心调整到工况差、故障多的"红色"区域线路上，逐步减少"红色"区域线路数量，在突破重点的基础上，达到全面检修的目的，从而提高设备健康运行水平。

（4）实施农网精细化规划，确保中心农村电网高质量发展。对频繁停电投诉、高损台区、老旧破损地埋电缆、集束导线及安全隐患严重等问题进行全面的梳理和诊断分析，提出逐年规划建设方案。做实、做细、做准项目储备工作，计划用3年时间，制定3年滚动计划，彻底解决辖区内10kV及以下配网现存突出问题，补齐农网短板，消除农村电网发展不平衡不充分的矛盾，科学指导农村电网"十四五"发展，确保农村电网高质量发展。完成10条线路、46台区改造，新建中压线路5.86km，改造中压线路95km，新建台区13台，台区容量5200kVA，新建低压线路4.11km。

3. 推进配网管理数字化转型

针对区域配网数字化建设不足的现状，高新供电中心以电网数字化转型发展为契机，强化区域配网数字化建设，一是加快区域配电自动化建设，扩大馈线自动化线路占比；二是加快配网透明化建设。

（1）加快区域配电自动化建设，推进区域故障快速定位系统建设。中心对配网现状进行深入分析研究的基础上，坚持"探索试点、整体规划、分步实施"的原则，按照"先主站、再主线、后分支覆盖"的思路，精心编制建设规划方案。方案包括配网设备自动化断路器建设与改造、配网自动化后台监控系统升级。高新区域内10kV线路共计73条，纳入配网自动化规划条数73条。区域内10kV配网自动化规划覆盖率达到100%，城区及农村配网自动化建设率达到100%。共计安装配网自动化断路器72台（其中新建35台，调试维修投入37台），故障指示器498组（1494只）。

（2）强化PMS3.0深化应用，实现管理流程数字化。设备（资产）运维精益管理系统（PMS3.0）是配网图形资源、运检业务流程和设备资产全寿命管理系统，服务于各级配网运检人员，为大数据平台和配网智能化运维管控平台提供配网资产和业务数据。中心以"三项提升"（提升图形、台账等基础数据质量，提升关键运检模块应用率指标，提升注册班组应用率指标）为统领，数据共享和跨专业业务协同为重点，深入全业务数据治理和移动作业内外网应用等工作。通过系统实用化评价，持续推动PMS3.0全业务覆盖、全流程应用，实现了"运检业务流程全在线流转、基础数据源端维护、跨专业接口全部贯通、基于系统大数据的分析功能完备、移动作业高效支撑运检平台"的目标。

1）制定工作方案，确保工作目标。为扎实推进基础数据治理，确保源端数据质量，编制了PMS3.0数据准备工作方案。在数据前期建设阶段，班组层面按照分线、包片任务到组、责任到人的管理目标，组织经验丰富、现场熟悉的人员成立数据采集及核查小组，中心层面抽调年轻骨干人员成立数据录入小组，进行数据二次核查和地理信息系统（GIS）建模；在数据治理阶段，落实数据整改责任制，谁采集、谁核查、谁录入的数据由谁负责进行整改，按照《图数治理星级评价标准》开展月度自查自评工作，并针对自查数据与每周部门核查的问题数据进行及时整改，同时建立"二图二册"基础信息档案，做到台账信息档案—PMS基础信息—现场设备运行状态同步建立、同步更新，确保了"三个一致"。

2）建立考评机制，强化执行效果。根据《设备（资产）运维精益管理系统实用化评价细则》《设备（资产）运维精益管理系统实用化评价指标体系》建立考核评价机制，有效促进业务模块全覆盖、全应用。以班组为单位成立系统应用小组，通过三级网格化负责人分工，分业务模块开展应用，并按照"谁的线路谁负责、谁的模块谁应用"的原则常态化开展月度、季度、年度实用化评价工作。

3）培训＋作业指导书，推进工作规范化。为有效的促进基层班组全员应用，中心共开展了集中培训讲解、送培训下基层理论与实操相结合的8轮PMS3.0全员应用培训，培训人员共达240人次，培训内容涵盖关键运检模块的深入应用。并编制一套从采集建模到各模块应用的、具有指导性的作业手册，让工作人员少走弯路，提高工作效率，有效推进系统应用的规范化。

（3）强化营销系统及用电信息采集系统管控，客户管理实现数字化。营销系统是一个系统高度集中、业务规范标准、信息集成贯通的现代企业级信息系统，最基本的功能是客户用电信息的管理。用电信息采集系统是通过采集终端对配电变压器和终端用户的用电负荷、电量、电压等重要用电信息的实时采集和监测，及时、完整、准确地为有关系统提供基础数据，为国网枣庄供电公司经营管理各环节的分析、决策提供支撑，为实现智能双向互动服务提供信息基础。为提高系统数据的准确性及采集成功率，一是建立采集运维工作质量全过程管控机制，运营管控班每日常态化开展采集工作质量全过程管控，加大采集运维集约管理力度，每日做好异常数据的监控，建立日通报制度，在微信群中下发，督导班组落实集抄消缺派工，班组消缺人员及时处理采集失败用户，努力做到采集异常消缺及时有效，异常消缺不过夜；二是强化异常终端现场运维工作，计量班安排专人对运行不稳定的终端设备进行调试更换，专人对中继抄表、中压载波的运行进行监控，有效提升采集成功率，截至2022年底中心采集成功率为99.899%，为客户管理数字化提供坚实保障。

（4）扎实开展营配调数据贯通工作，为企业"经营大数据化"夯实基础。由于营销系统与PMS3.0数据独立运行，不仅需在两个系统中同时建立设备台账，造成重复录入、工作烦琐，还因数据统计口径不一致，"公用与专用"概念模糊，没有统一的治理规范，导致两个系统中数据台账的数量、型号、厂家、资产单位等关键字段不一致，业务信息不共享，容易造成信息沟通不畅、职责不清、对外无法形成统一的统计口径。根据省公司精益化管理实施方案要求，提升营配贯通全过程闭环管控。一是建立管理体系，开展全业务数据整合；二是建立协同机制，实现营配数据贯通常态化运转。

1）依托于前期电网资产数据治理结果，以治理后的公网设备台账为核查标准，整合PMS与营销系统中的有效数据，按照先高压后低压、先主网后配网、先公网后专线的整合思路，编制了具体的整合方案。使营销系统、PMS设备资产数据实现了无缝衔接，截至2022年底，营配贯通指标中变电站、公用线路、公用变压器、专用变压器月度达标率均为100%，为数字化业务转型奠定坚实基础。

2）建立协同机制，实现营配数据贯通常态化运转。营销、生产、班组按照"统一部署、部门协同、专业配合、分层实施、信息共享"的原则，建立多部门配合的工作机制，明确各专业职责分工。制定配电变压器、计量装置异动管理会签单审批制度，由班组采集上报配网设备异动数据，生技科配网专责严格管控数据资产来源，PMS专责审核新增及变更数据运行状态等关键字段的准确性与规范性，并在与营销科就计量关口和户表资产等问题达成意见一致后，方可将异动数据推送至营销系统；实现了营配贯通数据全过程闭环管控，为营配数据贯通常态化运转提供保障。

4. 充分依托供电服务指挥平台，打通供电服务"最后一公里"

抢修通电是与客户关系最密切的供电服务业务，抢修工作的效率和水平直接影响着人们的用电体验感、供电的可靠性和电能质量水平。为了快速响应客户诉求，主动提升优质服务水平，提出加快推进供电服务指挥平台建设的指导意见。中心积极响应，加快建设步伐，探索性开展试点工作，以"精准、高效、协同、优质"为服务宗旨，以"人员集中、信息集成、管理集约"为主线，以"主动研判、智能指挥、业务流转、专业支撑"为重点突破内容，形成供电服务事前"超前感知"，事中"快速响应"，事后"问题聚焦"，让用电客户从主动检（抢）修、服务质量监督等方面感受到高效的供电服务。

三　改进方法

（一）评价方法

通过借助卓越绩效管理方法、展开、学习、整合及管理结果的全面分析，围绕区域配网供电可靠性管理中存在的改进机会，结合供电可靠性管理提升思路和工作要求，以现代化建设用电需求为发展方向，聚焦补齐区域配网管理短板、强化计划停电管控、加快专业管理数字化转型，通过供电可靠性管理与配电专业管理深度融合，带动区域配网管理质效整体提升，全面推动配网高质量发展、高效率运行、高品质服务。在这一改进提升过程中，中心借助卓越绩效模式与专业管理融合，在专业通过构建以卓越绩效过程管理评价为基础，以城网供电可靠率、农网供电可靠率、城网电压合格率、农网电压合格等关键指标体系为考评体系的专业改进提升评价方法，为持续性提升生产专业管理水平提供有效支撑。

（二）改进机制

在本次改进提升过程中，通过借助卓越绩效管理的专业化应用，有效识别出专业管理存在的改进机会，并从方法、展开、学习、整合等维度，围绕改进机会构建"清单式"改进机制。例如，在方法层面，进一步明确配电运检班、张范供电所、高压客户服务班、低压客户服务班、市场班班组职责，制定全年重点工作计划及工作任务指标。充分发挥带电作业中心的引领作用，推进配网不停电作业体系建设，解决传统方式下的配网专业管理问题。在展开层面，重点围绕基础设施建设、配网不停电作业、强化故障快速定位系统建设等几个维度开展，针对农网供电可靠性水平与城网差距明显的现状，在继续实施城网供电可靠性提升工程的同时，持续强化配网设备本质安全管理，采取不断加强运维管理等具体举措，消除配网可靠性建设当中存在的问题。在学习层面，通过量化分解指标，强化责任落实，推进配网运维精益化管理。开展供电服务大数据挖掘、统计、分析、应用，每月分析存在问题，提出治理策略和方案，根据关键指标体系，建立健全指标考核体系，确保重点工作得到落实，推动消除学习维度存在的管理短板。在整合层面，充分利用供电服务指挥系统、配电自动化系统、台区智能终端、用电信息采集等自动化、信息化手段，采取停电责任原因专题分析等具体举措，消除改进机会在整合维度的欠缺。同时，通过协调会方式明确改进问题，针对重点改进问题，制定相应改进措施，明确改进时间节点，并组织中心内部专家团队开展改进工作，在专业内部对改进措施和阶段性成效进行评估，确保改进提升工作取得成效，通过以上清单式逐项消除管理短板方式，打造中心特有"清单式"改进机制，为专业持续性的改进提升工作奠定坚实的改进制度基础。

（三）改进计划

提出"如何在过程实施中运用数据化手段和新的信息，提高过程监控效率，降低过程管控成本"的要求。结合配电运维工作要求，下一步，将聚焦区域配网基础管理和自动化建设，提升区域配网供电可靠性。

1. 加强老旧设备改造

以"星级"线路建设标准为导向，逐一排查设备存在的隐患和缺陷，重点针对"低卡重"、线路绝缘老化、柱上断路器保护失灵等问题开展专项排查，按照轻重缓急制定需求计划，通过逐年项目实施，切实提高设备健康水平。2022年完成30台配电变压器、22台断路器、10台箱式变压器改造任务。

2. 持续加强区域故障定位系统建设

在终端全覆盖基础上，适当增加终端布点，缩小故障定位范围。同时，不断完善外施信号发生装置（不对称电流源）的布点，提高配网单相接地故障定位和处置效率，降低单相接地故障引发的设备停电和人身触电安全风险。

3. 加快区域配电自动化建设

在试点建设馈线自动化基础上，不断总结经验，提高馈线自动化线路占比，所有线路全部推行就地式馈线自动化，实现故障就地隔离，非故障段线路施行自动恢复策略，缩小故障范围，降低抢修风险，2022年中心线路标准化覆盖率达到100%。

4. 全面提升区域不停电作业能力

全面推广地电位和斗臂车绝缘杆作业法、旁路作业法应用。按照省公司统一标准，充分发挥带电作业中心职能作用，规范带电作业标准、流程以及相关规定，促进配网不停电作业均衡发展。

5. 持续开展站所设备、电缆带电检测

持续开展开关站、环网柜、箱式变压器红外测温、超声波、地电波局部放电检测，推进超低频状态综合检测、振荡波局部放电检测、高频及超高频局部放电检测等先进技术应用，确保设备安全运行，提高供电可靠性。

四 实施成效

（一）实现管理提升：助力完善区域供电可靠性管理体系建设

解决传统方式下的配网专业管理，推进供电可靠性指标管理与配网业务管理深度融合，推动以提升供电可靠性为主线的理念在配电专业管理中形成共识，不断完善可靠性管理体系，建立一支与专业融合程度深、研究能力强、管理业务精、综合素质高的可靠性专业管理队伍，深入推进区域供电可靠性管理提升。

2022年，围绕三级保护和标准化配置率提升、核心区供电网架提升、老旧设备更换等方面，共开展配网综合检修39项，消除设备缺陷27处。完成核心区龙潭HW34-02阳光小区环网柜等25台老旧环网柜更换，凤凰FJ23-06八中东校断路器等26台无保护断路器更换，三级保护覆盖率、配电自动化标准配置率提升至100%。

（二）实现指标提升：助力推动区域配网供电可靠性和综合管理水平实现双提升

针对农网供电可靠性水平与城网差距明显的现状，在继续实施城网供电可靠性提升工程的同时，立足找差距、补短板、强弱项，推动区域配网供电可靠性和综合管理水平实现双提升，截至2022年11月，城区供电可靠率提升至99.981%，农网可靠率达到99.900%。

（三）实现人员业务技能水平提升：助力推进配网管理数字化转型

充分利用供电服务指挥系统、配电自动化系统、台区智能终端、用电信息采集等自动化、信息化手段，开展停电责任原因专题分析，提出辅助决策建议，加强分析结果应用，有效指导专业管理持续改进提升。大力推广配电移动作业应用，充分整合各类信息资源，完善配网基础台账，理顺专业衔接流程，挖掘数字管理工具，推动配网工作方式全面向"在线化、移动化、透明化、智能化"工作方式转变，配电管理模式向"工单驱动业务"管模式转变。

（四）有效推动专业管理与卓越绩效融合应用

通过对专业管理进行深度诊断评价，有效发掘区域配网供电可靠性中存在的管理短板，有针对性地制定了完善的改进措施并实施改进提升，在改进提升过程中帮助配网专业人员对卓越绩效管理理念和改进工具有了充分的了解实践，在帮助区域供电可靠性提升的同时进一步丰富了专业管理工具箱。

突出主线、强化管理，全面提升公司供电可靠性
——国网滨州无棣县供电公司典型经验

简介

　　无棣地处山东省北部，东北部濒临渤海，县域内35kV及以上变电站22座，变电总容量2214MVA，输配电线路总长4226.11km，在运配电变压器6398台，总容量216.55万kVA。县域电网网架结构薄弱、设备老化、自动化水平较低，存在线路、配电变压器重载情况，供电可靠性受较大影响。基于此现状，国网滨州无棣县供电公司建立运维检修部（检修工区）、供电所协同工作的保障机制，以运维检修部为管理单位，以带电作业班、供电所为具体施工单位，负责不停电作业方案的具体实施，开展第三、四类复杂作业项目，开展绝缘平台、绝缘脚手架、绝缘操作杆作业等项目，适应不同作业地形需求，开展跨区域协同作业，初显规模效应。同时加快配电线路改造，提升10kV线路联络率。加快110kV店子站、佘家站、工业园站配出工程建设，解决部分10kV线路重载问题。目前已形成以3座220kV变电站为核心、以9座110kV变电站为支撑、各级电网协调发展的现代化电网，供电可靠性逐年提升。

一　工作背景

　　2020—2022年，自供电可靠性管理职能划转到运维检修部，实现了指标管理与业务管理的统一，逐步改变供电可靠性指标管理模式，引导各部门强化配合，切实提升可靠供电水平成为重中之重。

二　重点措施

（一）依托"供服平台"，强化可靠性管理过程管控

1. 加强系统管理

安排专人对可靠性工作进行过程管控，综合运营管理系统（OMS）、自动化系

供电可靠性管理典型案例

68

统以及营销用电信息采集系统、PMS，实时掌握计划、故障等情况，对集成数据进行复核确认，保证停电事件维护的准确性100%、及时性100%。开展差异化运维。第三季度开展了一轮用户设备安全普查，建立缺陷隐患档案，及时跟进缺陷隐患消除治理进度。重点排查2022年重复停电用户410户，通过检查用户设备存在的问题，下发缺陷告知单。对于发现的重大缺陷，及时上报当地政府协调处理。同时，引导用户加装三级剩余电流动作保护器（也称漏电保护器），防止因单户接地故障造成越级跳闸。

2. 协同作业，强化不停电作业技术支撑

严格执行"能带不停"原则，利用绝缘脚手架、绝缘梯、绝缘杆作业法等多种作业方式满足业扩工程接火需求，带电作业全面覆盖设备改造、消缺、业扩工程等各项工作。

3. 建立健全"停电账户"额度预警机制

将停电时户数剩余额度纳入周通报中，对月度供电可靠性指标低于99.98%的供电所进行考核通报，强化落实责任。

（二）依托"智能化管控"，深化配网智能自愈

1. 强化自动化技术支撑

加快智能设备、智能技术推广应用，按照上级配网保护配置模式，变电站保护信息全部接入配电自动化主站，中间、分支断路器保护启动FA功能，配电线路FA投入率达100%，配电线路故障自愈率提升。深入分析每一次断路器现场变位及遥控失败原因，开展针对性治理，全面提升遥控使用率、成功率和遥信正确率。

2. 攻坚配网工程建设

完成10kV惠广Ⅰ、Ⅱ线等4条线路起运送电。完成配网投资877万元，新建、改造线路11.94km，新增配电变压器22台、容量5000kVA。完成项目储备37项、资金4245.4万元。

3. 隐患治理全面细致

开展线路通道清障行动，借助县森林防火指挥部，协调各乡镇清理树障800余棵。开展变电站巡视240余次，发现并整改缺陷65项。开展带电检测24站次，完成12座变电站夏季火灾隐患专项排查，整改缺陷16处。完成10座35kV变电站及20条35kV线路保护配合整定，逐站逐线分析迎峰度夏期间面临的重过载主变压器和线路问题，提前制定解决措施。

（三）依托配网精益化管理，拓展可靠性提升新举措

1. 加大停电计划审查力度

做好2023年停电计划平衡，开展"一停多用"等手段，避免临时检修，提高报装接电、检修、消缺同步实施方式，缩短用户停电时间，减少用户停电次数。

2. 开展配电线路跳闸压降专项活动

特别注意前期国网滨州供电公司列入"红色管控区"的线路，组织各供电所认真分析，从根上挖掘线路存在的问题，明确责任人和整改时间，报运维检修部备案，年内实行闭环"销号"机制。同时，加强线路巡视，充分运用红外测温等手段，对缺陷的部位编号建档，对缺陷问题按轻重缓急倒排工期，逐一销号。

3. 抓设备精益运维管理

认真贯彻落实各项决策部署，扎实推进电网设备精益运维，组织开展配电线路通道百日清障活动，清理线下树障2100余棵。编制迎峰度夏及防汛手册，提前组织设备隐患排查梳理，迎峰度夏前完成了重过载配电变压器、配电线路防汛隐患整改，安装、更换配电自动化断路器58台，有效提升配电自动化自愈率。

三　工作成效

2020—2022年，进一步明确配电专业重点工作任务，交流经验、统一思想、明确目标，突出提升供电可靠性工作主线，围绕配网"四个提升"，不断强化专业管理，全力保障配网安全可靠供电。开展带电作业176次，配网不停电作业化率99.19%，多送电量47.91万kWh，减少停电1.97万时户。高质量完成"电网一张图"数据治理，12座变电站、30条输电线路、92条配电线路顺利通过省公司验收。

2022年，全口径总停电时户数完成值为6027时户，供电可靠率为99.9829%，用户年平均停电时间1.24h。供电可靠性较2021年提高0.12个百分点。

案例11

打造韩乐坊"源网荷储"智能微电网示范区提升可靠供电能力
——国网威海供电公司典型经验

简介

本案例主要介绍了基于中低压"两个透明"的智能微电网结合相关的数字化应用系统在提升配网感知能力、抢修服务质量、清洁能源消纳水平等方面的典型实践，在低压柔性直流互联技术探索、台区运维数字化转型等方面成效显著。本案例适用于多个邻近的负载不均衡台区，或城市核心区无法通过台区增容、新增布点手段满足客户增容需求时，通过柔性直流互联技术等提高设备利用效率和微电网供电可靠性。

一 工作背景与总体思路

韩乐坊位于威海市经济技术开发区核心商业区，是中国首家韩文化主题商业公园，山东省重点文化产业园区，威海市政府"精致城市"提升样板区。

示范区建设之前，通过综合调研分析诊断发现，区域供电运维管理成熟度水平有待提升，中压线路设备中分段、联络、大分支、环网柜等关键设备设置不合理，自动化水平低；低压台区中电力设施健康状况较差，台区智能化程度低，在供电保障能力、新能源消纳方面存在短板，无法保证示范区中用户的可靠用电。

为更好服务于建设"精致电网"支撑"精致城市"发展战略定位，进一步巩固提升全口径用户平均停电时间全国中小城市第一梯队成果，国网威海供电公司经区供电中心以客户为中心，以提升供电可靠性为主线，通过"两升级、两建设、一微网"建设思路，结合"两画像""两张图"管理抓手，全面提升示范区内管理、服务、低碳、运维四方面水平。

第一章 综合举措

71

（一）配电自动化"两个升级"

1. 深化应用配电自动化，自动化标准化配置率全面升级

韩乐坊示范区内有35kV变电站1座，10kV线路5条，通过落地实施4项电网改造项目，实现电缆化率100%。在韩乐坊区域内，升级改造分段、联络、大分支、环网柜等开关设备，调整网架结构1处，自主改造非自动化断路器站、环网柜4台，将配电自动化由简单覆盖升级为标准配置，示范区内实现线路配电自动化标准化配置率100%，线路 N–1通过率100%。

2. 构建"高自愈"的智能配网，故障自动化处置全面升级

短路故障处置应用"三级保护+快速自愈"策略，实现"用户故障不出门、支线故障不进站、干线故障不全停"。接地故障处置由"选线试拉"升级为"五级保护+馈线自动化"，全面提升配网故障智能处置能力。示范区建成以来，FA自愈成功率、三级保护配置、接地故障选线准确率三项数据100%。

（二）低压透明化"两个建设"

1. 硬件建设全面覆盖，实现数据全量监控

采用"不停电安装+即插即用+调试工具"三大技术手段，实现融合终端不停电快速接入，通过安装智能断路器、线路终端（LTU）、智能断路器等设备，以融合终端为"大脑"，以各级感知元件为"神经末梢"，应用载波通信技术，纵向实现"变压器低压总断路器—分路断路器—低压分接箱—表箱—户表"五个层级运行数据全量采集；横向实现光伏、充电桩、储能装置等源网荷储运行数据全面监控，将配电室环境量、状态量等34项数据实时接入物联网云主站，在全省率先实现终端泛在接入、数据多维融合。

2. 软件建设深度挖掘，实现业务深度穿透

结合示范区内透明化装置安装情况，按照设备分布、重要程度、负荷性质等形成"推广、延伸、特色"三级典型硬件配置方案。针对普适区域采用推广配置，安装融合终端+多功能表；针对高可供电区域采用延伸配置，安装融合终端+LTU+智能分支箱；针对示范区域采用特色配置，安装融合终端+智能断路器+智能分支箱+智能表箱断路器+配电室全景监测设备，并形成22项业务场景，深度挖掘采集数据价值，实现配网运行状态感知、营配数据贯通、配电室智能巡检、主动抢修等功

能，在全省率先做出低压配网全场景设计应用的典范。新一代配网主站和低压透明化功能架构见图1-17。

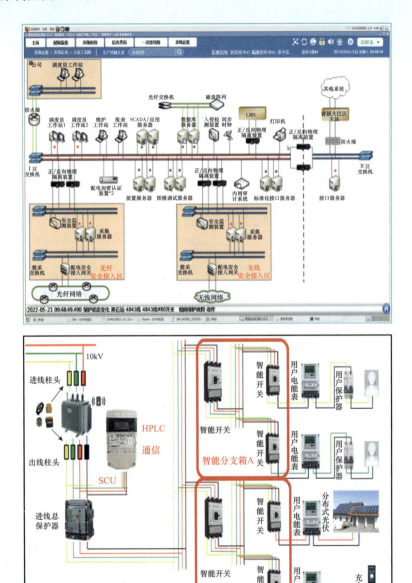

图1-17　新一代配网主站和低压透明化功能架构图

（三）低压柔性直流互联"一张微电网"

韩乐坊示范区引入微电网新技术，在组网模式、监控方式、组群式控制策略三个方面提出全国首创技术方案。

（1）国内首创"集中+分散"组网模式。将2个光伏高渗透率台区与1个居民台区在本地各通过一组柔性直流装置进行集中互联，两组装置之间采用750V直流母线远端互联，构成三台区柔性直流互联系统。

（2）国内首创融合终端"全要素"监控。统一直流断路器、充电桩、储能等新型源荷的数据模型，基于RS-485+双模通信技术，实现融合终端对微网群内"源网荷储"全要素的实时监控，为微网运行控制、策略执行提供数据依据。

（3）国内首创组群式微网控制策略。通过融合终端与云主站的协同，创新部署光伏优先消纳、变压器负载削峰填谷、重要客户高可靠性用电等组群式控制策略，实现微网内清洁能源高效消纳和高可靠供电。韩乐坊多端柔性直流互联系统示意图见图1-18。

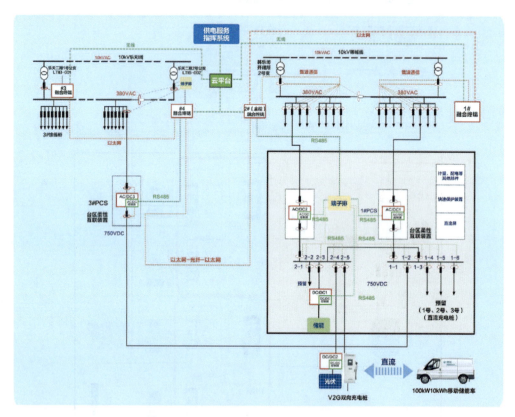

图1-18　韩乐坊多端柔性直流互联系统示意图

（四）用好两"画像"，推动工单驱动业务流

建立工单驱动业务应用体系，以低压透明化为基础，依托供服系统及"i配网"手机APP，建设覆盖配网"全专业、全层级、全业务"的工单驱动模式。

（1）用好设备画像，实现差异化运维。依托供服平台融合的各专业配网数据，建成全省首个基于热力图的配网状态检修库，形成7大类、9小项配网典型问题热力分布，将中低压物联网实时监测的运行数据、运维人员历史记录的隐患缺陷信息等按照时间、空间维度进行热力分析，形成精准的设备画像，并依托工单驱动业务新模式的建立，将差异化运维策略转化为业务工单推送至设备主人，提升配网精益运维水平。

（2）用好客户画像，实现定制化服务。建立以客户为核心的低压抢修、敏感意见及投诉、台区停电热力分析，形成精准的客户画像，并应用到抢修服务、设备治理、台区特巡等工作中，实现供电服务定制化管理，实现示范区客户服务满意度100%。

（五）开发两张"图"，提升精益管理智慧度

（1）开发分布式光伏消纳地图实现台区可消纳容量"一图透视"。以台区最大可消纳清洁能源的容量为限值，通过融合终端自动计算每个台区可消纳的清洁能源容量，答复光伏用户接入方案，高效支撑光伏用户快速接入。

（2）开发台区运行指数雷达图实现供电服务水平"一窗尽览"。从配电变压器开放容量、经济运行指数、优质服务指数等六个维度开展台区打分，并按照得分的高低划分为"优良可劣"四个等级，科学评价台区供电保障能力。以"雷达图"的形式对台区供电保障能力进行直观展示，并设计了管理层穿透和台区层穿透两个层级，服务不同层级人员业务需求。台区运行指数雷达图见图1-19。

图1-19　台区运行指数雷达图

1. 设备数字化，管理更精细

通过台区智能终端建设应用，全面提升低压配网全息感知能力，台区经理可实时监测台区电压、配电变压器负载率等异常情况，全面突破低压感知盲区，全景信息的融合应用，为低压配网设备健康管理奠定基础。目前，示范区累计流转巡视工单274条、消缺工单5条、抢修工单33条、主动运检任务单8条，共计发现各类设备隐患5处，组织集中消缺5个，解决各类运检问题15个。低压居民电压合格率达到100%，用户平均停电时间同比下降42.55%。

2. 服务互动化，响应更快捷

依托融合终端建设及工单驱动示范应用，实现台区低压设备与运维主人的互动，台区异常事前预警，低压故障主动抢修，提前消除影响客户用电感受的缺陷和故障，实现客户无感用电；依托低压柔性直流微电网，实现台区间负荷互济等。示范区建成以来，95598故障报修工单15件，同比下降52.7%；故障抢修时长13.8min，同比下降34.8%；示范区内零投诉。

3. 消纳就地化，能源更清洁

依托韩乐坊柔性直流互联，探索低压柔性直流系统典型接入方式，提高局部配网清洁能源消纳能力。开展基于分布式光伏消纳地图的清洁能源安全消纳管理，实现光伏信息"一图透视"。完善并网分界断路器功能，配置过电流等4类常规保护及防孤岛等5类特殊保护，消除并网光伏对过电压、配电变压器过载以及故障隔离等安全运行问题，确保清洁能源安全上网，助力双碳目标实现。截至2022年底，超前治理改造过电压台区76个，涉及用户1325户，台区电压合格率由96.5%提升至99.9%。

4. 运维智慧化，决策更精准

通过对海量大数据的价值挖掘，依托供服中心热力分布图、台区运行指示雷达图、分布式光伏消纳地图精准定位设备薄弱点，辅助管理人员制定精准的运检策略，显著提升运维质效。系统应用以来，共计流转各类特巡工单32例，开展频繁停电台区治理3台次、频繁跳闸治理4条次，10kV线路故障停运率下降72.5%，全口径供电可靠率99.9859%，同比提升0.024个百分点。

案例12

以"五精三高"为特征的双岛湾高可靠性供电建设管理
——国网威海供电公司典型经验

简介

　　本案例从规划、建设、运维、管理、服务五个维度出发，通过对园区配网（简称配网）和运维水平智慧升级，全面提升区域供电可靠水平，促进优化营商环境工作，形成了新型电力系统建设背景下，具有山东电网特色的先进经验和做法。本案例适用于集中成片的工业园区，或工业负荷集中、可靠性需求较高的城市近郊区。

一　工作背景

（一）国家优化营商环境决策要求提升供电服务水平

　　国网威海供电公司坚持习近平新时代中国特色社会主义思想，落实国家能源局关于改革优化营商环境相关实施意见，瞄准山东省优化营商环境工作"走在全国前列"的目标定位，以双岛湾高可靠性供电建设管理为示范，积极配合威海市委市政府开展提升供电可靠性、优化营商环境专项工作。

（二）精致城市建设要求电网不断提高供电保障能力

　　习近平总书记在视察威海时，提出"威海要向精致城市方向发展"的殷切期望，省公司提出要把威海"精致电网"打造成为落实习近平总书记建设"精致城市"要求、全国领先的能源互联网和"碳达峰、碳中和"示范样板。国网威海供电公司严格落实国家电网有限公司和省公司要求，结合双岛湾电子信息与智能制造产业园用电实际，打造双岛湾产业园高可靠性供电示范，助力威海市政府招商引资，实现政府、供电方、客户多赢的局面。

（三）落实国网新战略要求加快配电能源互联网转型

国网威海供电公司积极贯彻落实国家电网有限公司建设具有中国特色国际领先的能源互联网企业战略部署和"一体四翼"发展布局要求，以更高站位、更宽视野，加快构建新型电力系统，全面夯实安全基础、转变业务模式，充分挖掘资产价值，以先进技术、建设、管理示范推动电网全业务、全环节数字化转型升级。

（四）地方千亿级电子信息产业要求高质量可靠供电

威海双岛湾电子信息与智能制造产业园，是威海市七大千亿级产业集群之一。园内汇集了美国捷普、惠普公司等十余家国际知名打印机以及配套项目厂家，拟打造全球产能最大、营商成本最低，具有世界影响力的千亿级激光打印机产业集群。威海电网积极探索构建与经济社会高质量发展、产业转型升级相适应的新型电力系统电力保障和优质服务示范，不断增强人民群众和用电企业的获得感和幸福感。

二　工作思路

双岛湾工业园区作为威海市经济发展的核心区域，重点需要解决"电子信息产业高可靠供电"和"持续优化营商环境"两大需求。国网威海供电公司对精致电网建设进行了初步探索，结合威海电网实际，以服务园区企业用户可靠供电为目标，通过实施"规划精当、建设精美、运行精智、管理精益、服务精心"五精工程，打造"高品质供电、高效率接电、高质效服务"的双岛湾电子信息产业园高可靠供电示范区，服务园区企业用户高质量发展，支撑威海精致城市经济飞速发展，打造新型电力系统配电能源互联网转型升级山东样板，为供电可靠性提升贡献威海经验。

三　实施内容

（一）规划精当，打造坚强可靠能源电力互联网络

1. 建立规划评分机制，项目达标入库

对"获得电力"指标各因素逐一分析，充分考虑新旧动能转换及能源结构调整

政策要求，创新采用"三减少"（减少用户接电时间，减少用户接入成本，减少用户停电时间）评分机制，对评分较低项目再优化，确保项目达标入库，从规划源头提高供电可靠性。

2. 政企协同，实时接收政府规划信息

以现状电网供电情况为基础，强化电网规划与政府片区规划衔接。与双岛湾工业园区属地政府建立工作交流群，实时分享政府最新规划信息、招商引资信息、市政施工信息，累计收集各类信息143条，及时准确对项目需求做出适应性调整。

3. 精益求精，诊断电网薄弱环节

成立双岛湾区域电网薄弱环节分析柔性小组，逐站、逐线、逐台区开展电网诊断分析工作，共梳理线路分段不合理、联络不合理、供电区域交叉情况32项，深入分析问题产生原因，制定一线一案解决方案。建立需求库—规划库动态联动机制，滚动修编项目规划库，确保配网有需求，规划有响应。

（二）理存量控增量，提升配网承载能力

计划有序退出部分35kV变电站，推动35kV电网向110kV升压，110kV电网双侧电源链式结构全覆盖。示范区电缆线路向单、双环网的标准结构转变，架空线路向多分段适度联络的标准结构转变。以"功能区、网格化、单元制"城市配网规划为引领，以双岛湾区域"一城三园"的空间结构为基础，实现电网接线清晰、分区供电互济、清洁能源分层消纳，资源配置灵活高效。双岛湾产业园高可靠性供电示范区改造前后拓扑图见图1–20。

（三）建设精美，打造网城融合能源电力装备体系

1. 积极落地面向未来的清洁低碳环保设备

推广以干燥空气替代六氟化硫作为主要绝缘介质，不使用含氟气体或化学添加剂，全面应用高可靠、一体化、免维护、低能耗、绿色环保型标准设备，提高环保气体绝缘断路器设备应用比例，降低温室气体排放。

2. 政企联合，出台优化营商环境等多项标准

出台新建小区充电设施建设验收标准、小区供配电设施建设管理实施导则、环境融合型电力设施建设实施细则、新装客户红线外零投资接电等多项支持政策。出台《10kV电气设施延伸投资出资实施细则》，威海市10kV高压接入客户，延伸投资界面至客户红线，土建部分政府全额出资，电气部分政府、电网各承担50%。

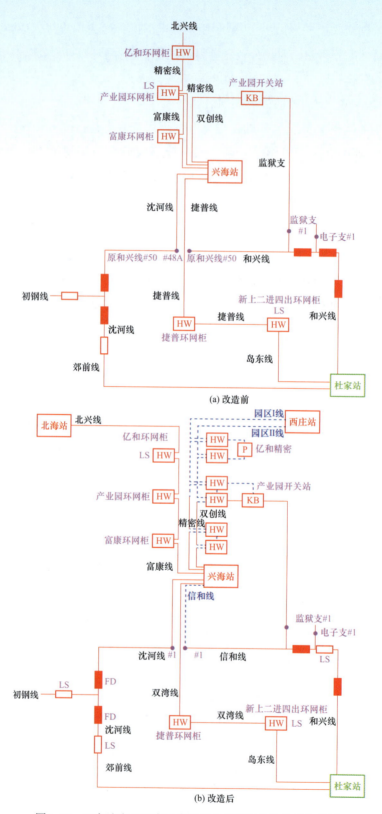

图1-20 双岛湾产业园高可靠性供电示范区改造前后拓扑图

3. 美化治理提升居民宜居体验

开展电力设施环境融合专项行动，促成政府省内率先出台《威海市环境融合型电力设施建设实施细则》（威住建通字〔2021〕33号）与《威海市住宅小区供配电设施建设管理实施细则》，见图1–21。形成居住区、商业区、工业区、公园林地、特色街区等5类电力设施环境融合风格，完成示范区内全部配电设备美化治理。

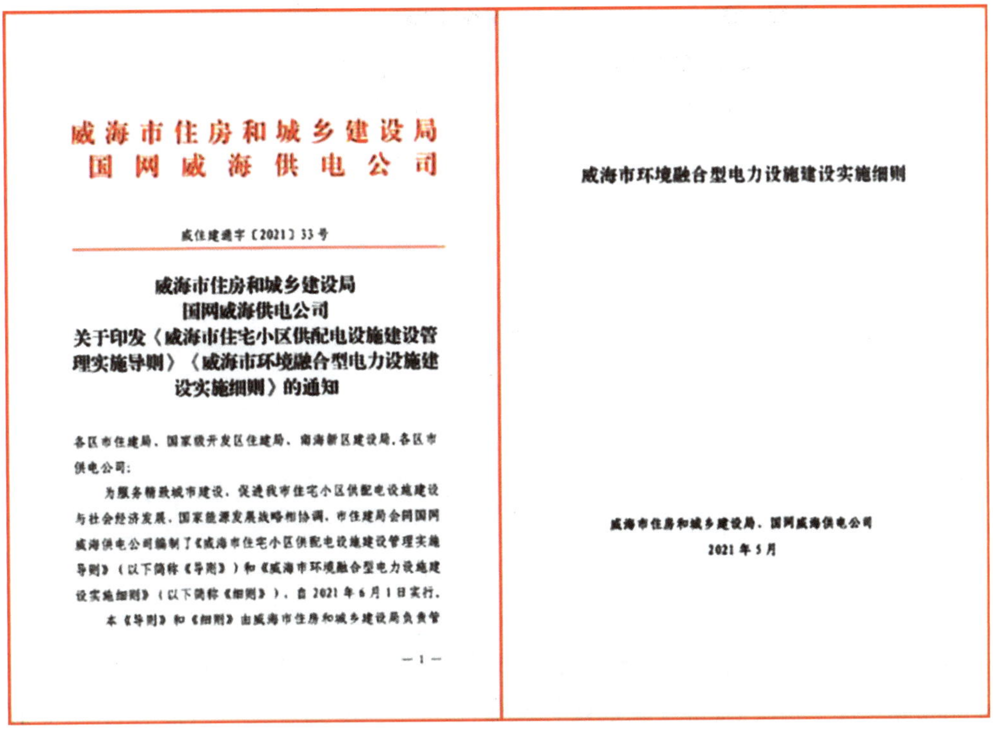

威海市住房和城乡建设局
国网威海供电公司

威住建通字〔2021〕33号

威海市住房和城乡建设局
国网威海供电公司
关于印发《威海市住宅小区供配电设施建设管理实施导则》《威海市环境融合型电力设施建设实施细则》的通知

各区市住建局、国家级开发区住建局、南海新区建设局，各区市供电公司：

为服务精致城市建设，促进我市住宅小区供配电设施建设与社会经济发展、国家能源发展战略相协调，市住建局会同国网威海供电公司编制了《威海市住宅小区供配电设施建设管理实施导则》（以下简称《导则》）和《威海市环境融合型电力设施建设实施细则》（以下简称《细则》），自2021年6月1日实行。

本《导则》和《细则》由威海市住房和城乡建设局负责管

— 1 —

威海市环境融合型电力设施建设实施细则

威海市住房和城乡建设局、国网威海供电公司
2021年5月

图1–21 《威海市环境融合型电力设施建设实施细则》封面

（四）运行精智，打造安全智慧能源电力运维体系

1. 推动配网设备技术智慧转型

推广应用磁控物联网环网柜，提升断路器固有分闸时间在10ms以内；对10台环网柜带电安装断路器、二次、环境监测装置，对65个电缆井带电安装局部放电、水位、有害气体等状态数据的全维度实时监测采集，实现信息智能主动感知与健康评估；首创基于智能分布式的协同差动保护策略，整体故障处理时间由40s以上缩短为毫秒级别，大幅减少故障停电时间和范围。差动保护技术路线见图1–22。

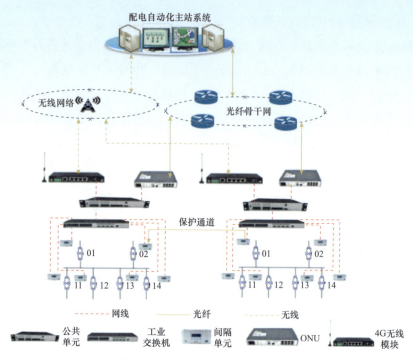

图1-22 差动保护技术路线示意图

2. 推动配网运维装备全面升级

配发15架小型无人机,制定配网小型多旋翼无人机标准化作业流程、配电杆塔最优路径规划和图像拍摄规范,依托激光三维建模+配网无人机全面开展"机器代人"配网无人机自主巡检,有效降低了巡检人员的现场作业量,提高线路巡视速度和精细程度;配置局部放电检测仪、红外测温仪等25台,增强自主状态检测能力;完成带电喷涂绝缘漆15km,有效提升线路防护水平。牵头编制全省配网无人机巡检标准化作业指导手册,双岛湾区域全省率先开展配网无人机自主巡检,见图1-23。

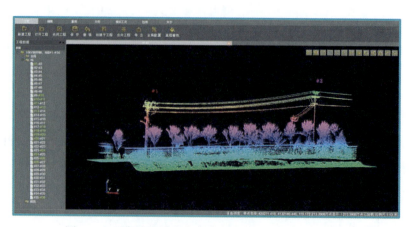

图1-23 双岛湾区域全省率先开展配网无人机自主巡检

（五）数字化建设推动配网全透明

中压拓展自动化覆盖深度。建成新一代配电自动化主站，应用一二次融合断路器、环网柜，实现分段、联络、大分支等关键节点自动化设备全覆盖，提升配电线路自动化标准化配置率，有序推进配网三级保护工作，试点设置中间断路器，实现非故障区段的秒级复电。低压突破台区感知盲区。率先实现融合终端全覆盖，实时采集、汇集低压各层级运行数据，实现台区电气量、环境量、状态量的分钟级实时监测。

（六）管理精益，打造数字高效能源电力运营体系

1. 加强供电可靠性相关指标管控

每周发布供电可靠性周报，晾晒指标管控情况，定期组织供服开展典型问题专项分析，季度召开供电可靠性管理现场会，持续提升供电可靠性数据质量。

2. 严格计划停电管理，持续压降配网故障

严格停电计划分级审批机制，市县一体精算严管，坚持计划"先算后停"，每月开展关键业绩指标考核。推进局部绝缘化、线路通道和防雷专项治理，合理安排线路设备消缺。持续开展配电线路三级包保巡查，加强故障和频繁停电管控，坚持"故障说清楚"制度，营配联合开展高压用户巡查、故障查找与整改。

3. 推进中低压不停电作业能力提升

中压方面拓展绝缘脚手架、中压发电车、旁路电缆车等应用场景，开展跨区域联合作业，低压方面完成0.4kV配网不停电作业（见图1-24）绝缘工器具及防护用具配置，实现带电作业高中低电压等级全覆盖。提升集体企业带电作业能力，开展带电作业中心、供电分中心等部门联动和现场勘查，坚持做好计划停电"能带不停、一停多用"。

图1-24　全省首次完成0.4kV旁路不停电作业

4. 智慧分析手段推动管理更精致

基于配网状态监测、运行数据等，在供电服务系统建立外破、鸟害、雷击、负载等7大类、9小项热力分布图，打造全省首个基于热力图的配网状态检修库，实现供电保障服务定制化。全省打造首个台区运行指数雷达图，实时展示配电变压器可开放容量等信息，综合生成最佳运维建议。

（七）服务精心，打造开放互动能源电力消费体系

1. 超前服务客户接电需求

与辖区政府建立联席制度，实时共享城市规划、招商引资及项目信息，在示范区内实现电网超前布局城市建设和项目建设，将环网柜、电线杆提前布置至客户红线100m范围内，形成示范区"100m接电圈"的高效办电模式。

2. 信息可观，助力中低压"阳光业扩"更高效

实时收集配电变压器可开放容量等信息，调取线路、台区总负载率、各层级负载率、各相别负载率、开放容量等信息，实现两个"透明"（台账透明、状态透明）。建立数字孪生模型，综合用户报告容量给出最佳接入位置和相别的建议，助力中低压"阳光业扩"更高效。

3. 多能融合助力能源互动更友好

加强低压分布式光伏接入管控。采用"台区智能融合终端+光伏并网断路器"方式，开展低压分布式光伏安全接入改造，应用"1+N"光伏并网监测、保护、控制模式，实现光伏可观、可测、可控、可调，率先部署分布式光伏消纳地图，切实提升配网对低压分布式光伏的消纳、平衡调节和安全承载能力。分布式光伏消纳地图见图1-25。

图1-25 分布式光伏消纳地图

四 案例实践效果

（一）高品质供电实现电网形态升级

1. 打造坚强可靠中压网架

以新型电力系统灵活高效为目标，落地"功能区、网格化、单元制"城市配网规划，2022年完成10kV北兴线新建工程等5个工程建设，率先建成园区Ⅰ线—园区Ⅱ线、精密线—双创线2组威海市首个双环网。

2. 全面提升配网自动化水平

应用融合环境友好型低碳设备，全省率先引入环保气体绝缘环网柜，深化配网状态评估理念，加强带电检测、在线监测技术应用，完成32台一二次融合断路器、环网柜安装，示范区自动化标准化配置率达到100%，低压台区低压断路器智能化改造、台区智能融合终端覆盖率100%。

3. 全面提升隐患治理水平

结合国际一流城市配网建设重点工作，开展配电设备隐患治理和农村地区电力设施安全隐患专项排查，治理老旧电杆56处，完成12台内置电压互感器（TV）断路器、老旧环网柜改造，2022年上半年区域零跳闸，故障报修率同比下降40%。

4. 推广应用新技术

全国首次应用5G+磁控+差动保护技术，全省率先应用台区运行状态雷达图开展线路设备状态评估，全省率先实现示范区配网无人机自主巡检全覆盖，巡检效率提升70%。

5. 做好供电可靠性指标管控

2022年下发41期供电可靠性管理周报，考核相关责任单位23次，2021年用户年平均停电时间压降至1.89h，供电可靠性指标保持全国中小城市领先水平，示范区2022年供电可靠性提升至99.99%。

（二）高质效服务实现经营理念升级

1. 在示范建设中打造宜商服务品牌

推动政府出台关于贯彻落实《关于清理规范城镇供水供电供气供暖行业收费 促进行业高质量发展意见的通知》（国办函〔2020〕129号）有关问题的意见，全省首家将水电气暖同步落地实施。印发《"威您办 电好办"宜商服务品牌建设暨"用上电、用好电、不停电"实施方案》（威电办〔2022〕92号），打造四快四高四小的"威您办 电好办"宜商服务品牌。服务人员践行"宜商三电"服务举措见图1-26。

图1-26 服务人员践行"宜商三电"服务举措

2. 推动供电服务网格化转型

构建"供电服务小网格"+"抢修服务大网格"的网格化抢修服务体系,全省率先联合政府部门下发《关于进一步完善网格化服务管理与供电服务协同共治工作机制的通知》,开展政企融合网格化服务,推进专业技术力量下沉至网格,实现信息共享、政企联动、服务协同。累计解决双岛湾区域客户服务诉求87个,示范区实现零投诉。

(三)高效率接电实现服务质效升级

1. 建成"全天候不停电"服务品牌

示范区2022年共开展各类不停电作业33次,其中四类不停电作业次数2次,不停电作业化率100%,减少停电0.5万时户。在双岛湾示范区成功实施全省首例低压旁路带电作业,实现不停电作业"全类型、全区域、全时段、全等级"四全覆盖,见图1-27。

图1-27 全天候不停电实现带电作业"四全"覆盖

2. 省内首次建成双岛湾"百米接电圈"

客户通过办电e助手线上提报送停电意向，按照客户用电需求时间确定送停电时间。客户接火送电架空线路接入全部实施带电接火，按照客户送电需求时间即时接入，真正实现客户接入零感知。采用绝缘平台作业法为示范区用户接电见图1-28。

图1-28 采用绝缘平台作业法为示范区用户接电

基于"四维精细化垂直管控"工作机制构建提升县域配网供电水平

——国网东营利津县供电公司典型经验

简介

本案例主要介绍了配网在加强运维、强化建设、智能化提升、带电作业四个方面提升供电可靠性的典型实践，做到配网运维管理水平、电网安全硬基础水平、智能配网运行水平、带电作业业务能力四方面稳步提升，攻坚配网软硬基础，不断提升配网基础水平。本案例适用于提升县域配网可靠供电水平参考。

一 工作背景

近年来，经济社会的快速发展，人民生活水平的日益提高，对电网供电能力提出更高的要求。配网作为电网的"神经末梢"，连着电力主网和千家万户，是助力社会经济发展和保障民生的重要基础设施。为深入落实国网省公司"一流现代化配网"建设管理工作部署，切实提高县域配网供电能力，国网东营利津县供电公司开展配网"四维精细化垂直管控"，即以"配网运维检修管理、项目储备落地、配网不停电带电作业专业化力量提升、配网自动化建设"四个维度为依托，同步与国网东营供电公司相关管理人员进行垂直对接，充分发挥国网东营供电公司运检专业业务核心引领作用，落实国网东营利津县供电公司的责任主体作用，以班组对标为抓手，以项目储备与实施为提升点，专业化管理与专业化指导双管齐下。同时，定期组织专业人员到基层供电所、班组进行市县一体化帮扶，采取现场办公方式对运维管理、系统应用、项目建设等存在的问题与困难同指导、同消缺、同提升，发现一项问题督导一类问题、贯彻落实解决一批问题。配网供电指标大幅提升，配网主线跳闸率同比降低47.5%，重合闸不成率同比降低60%，区段跳闸率同比降低33.62%，台区频繁停电率同比降低90.34%。实施首例10kV"微网"组网发电作业，试点率先应用配网负荷转供"一键顺控"，户均停电时间同比降低34.53%。

二　工作措施

认真贯彻各级配网建设总体要求，加强领导，建立层次分明的建设保障小组。成立以分管领导为组长、运维检修部主要负责人、配电专业专工为组员的工作小组，负责市县一体化配网运维管理质量提升的实施、沟通工作，统筹提升配网指标，通过建立工作思路清晰、责任明确、分工协作、管理高效的工作小组管理体系，提高了工作效率，为全面提升配网建设、运维水平责任划分提供了有力组织保障。

（一）坚持管控助网，着力提高配网运维管理水平

1. 引进先进设备，提升配网侦测水平

针对配网线路运行薄弱点带电状态下不能摸、测不到的情况，积极同配电专工进行专项沟通，近年来国网东营供电公司累计帮扶红外测温仪13台、超声波局部放电仪1套，针对线路故障、接地后故障难查询、接地点巡不准问题，累计帮扶接地故障测试仪1套、电缆故障测试仪1套、自动化调试设备1套。通过提升配网设备装备水平，累计发现线夹温度高、设备运行异常等缺陷42处，减少停电线路10条次，线路故障精准定位6处，有效缩短了故障抢修时间，提升了供电可靠性。

2. 融合资源应用，提升数据共享

开展全市班组对标大讲堂，认真分析班组指标体系，分析指标变化情况，巩固优势指标，分析劣势指标，提出改进措施。积极引领推进PMS与ERP（企业资源规划）、OMS、TMS（运输管理系统）以及营销系统的数据交互应用，实现数据共享。

3. 常态化开展配网故障防御能力提升分析会

针对发生的典型故障防御措施、典型故障分析报告等一一进行解剖，做到发现一项问题剖析一类问题。国网东营供电公司主导完成《配网故障复电抢修流程管控方案》，分门别类开展基层班组管理提升攻坚指导与帮扶，采取挂号、销号管理模式，督导各班组进行隐患消缺。

4. 组织建立频停攻坚小组

按照八大类问题开展排查及方案制定：分级保护改造方案1361处，77条线路网架优化措施96条，局部绝缘化问题461处，树障6659棵，6条频繁雷击线路防雷地段治理措施，运检部、发展建设部分责分区理清项目储备280条。2023年国网东营供电公司累计现场集中帮扶9处，累计解决隐患56处，有效提升了安全运行水平及基层班组技术水平。

第一章　综合举措

89

（二）坚持建设筑网，着力提升电网安全运行水平

1. 精准投资零失误

按照"统一规划、统一标准、安全可靠、坚固耐用"的原则，以建设"一流配网"为目标，以问题为导向，合理规划布局中、低压电网。采取"强网架、补短板"构思，配网线路环网调节更灵活、多样，自愈保障更加可靠。预计2023年底北宋所、明集所、汀罗所将实现10kV线路绝缘化率100%，10kV线路有效联络率达到98.53%。

2. 狠抓项目质量关

运用实测实量和五方监督做好质量纠偏，努力打造精品工程；发挥政企协同强大合力，激发属地化单位优势，超前接入民事关系，减少施工障碍，确保施工进度；充分发挥设备主人制。累计改造高耗能配电变压器76台，新投、更换断路器117台、环网柜11台，分层分次应用"自愈+重合闸"保护线路103条，报修工单同比降低24.48%，线路标准化配置率达95.21%，配网自愈率97%，完成"236"攻坚任务。

（三）坚持智能化护网，着力提高智能配网水平

1. 努力打造新一代配网主站实用化应用战地

积极争取国网东营供电公司专业部门专业督导帮扶，针对新一代配网主站应用情况积极开展学习，采取现场帮扶措施，配电自动化指标稳步提升。以专业故障分析会为平台组织各单位共同研讨，学习新一代配网主站应用、终端技术学习，促进业务共同进步。以自愈模拟为抓手，全面开展早操操作，实现区域范围内首次"一键顺控"高级实用化应用。

2. 研讨试点并应用推广"自愈+重合闸"保护

逐条线路分析保护模式、网架结构，全面压降用户陪停概率。国网东营利津县供电公司正是通过自动化的实用化应用，连续3年实现了故障压降30%以上目标，暂态接地保护准确率已经由全线查找精准至故障区段。

（四）坚持不停电强网，着力提升供电可靠性，优化营商环境

1. 坚持贯彻执行"一中心两站点"

建立周带电作业计划统一编制、统一审核、统一发布机制，在带电作业过程中协调全市资源，按照网格化调配资源，跨区域协同完成复杂类工作。

2. 停电与带电作业检修工作齐驱并进

完成渔村线、养殖线等3条线路综合检修，安装断路器12台、跌落式熔断器7

组，加装护套29套，加装占位器93组。加装低压出线电缆终端150套，改造低压电缆出线210m，加固杆塔102基，杆塔基础护坡3基，加装防雷金具239组，完成72座配电室防水及门窗维修，改造老旧配电变压器10台。带电作业检修消缺408次，加装护套289套，加装占位器108组，拆除老旧线路3条，治理线夹发热隐患8处，累计减少停电时户数53459万时户，不停电作业化率为96.16%。

自实施四维精细化垂直管控工作机制以来，各项配网指标逐年稳步提升，其中供电可靠率由2020年的99.9448%提升至2023年的99.9673%，大大提高了县域用电客户电力获得感。

案例14

锚定目标持续发力，保障电力可靠供应
——国网东营供电公司典型经验

简介

　　本案例主要介绍了综合管理在供电可靠性提升中的典型实践，在配网故障压降、优质服务水平、预安排停电管控等方面成效显著，将供电可靠性提升融入配网规划、建设、运维、调控全过程，实现业务管控和指标管理的有机统一。本案例可供于市县一体配网综合治理工作参考，助力提升配网供电可靠性。

一　工作背景

　　供电可靠性是体现电网企业面向用户持续供电能力的核心指标，是满足经济社会高质量发展和人民群众美好生活的重要保障，正在得到来自政府、社会和人民群众越来越多的重视和关注，面临着前所未有的压力和挑战，也面临着前所未有的发展机遇。能源保供、乡村振兴、民生保障、营商环境新形势对供电可靠性管理提出更新、更高、更多元的要求。

二　总体思路

　　始终坚持"不停电就是最好的服务"，以指标提升为抓手，聚焦供电可靠率和供电能力两个提升，聚力预安排停电和配网跳闸两个压降，严抓数据质量管控，深入分析研判建管薄弱环节，持续做好压降配网线路故障、精准实施配网建设改造、提升不停电作业能力、提升配电智能化水平，将供电可靠性提升融入配网规划、建设、运维、调控全过程，助力提升"获得电力"服务水平，实现业务管控和指标管理的有机统一。

供电可靠性管理典型案例

（一）聚焦"一清四防"，提升运维巡视水平

促请政府出台全市电力设施保护区内"树障"隐患集中清理整治实施方案和关于加强电力设施保护防止外力破坏事故的通知，制定"一县（中心）一案"树木清障策略，明确各中心、县区公司与政府相关单位联系人，建立常态化树障清理机制。落实设备主人制，明确每条线路、每个设备的包保责任人。强化配网标准化巡视卡、《配网运维口袋书》应用，深化应用工单驱动业务模式，提高运维标准。

（二）聚焦"一线一案"，提升故障防御水平

制定配网跳闸、工单"双压降"攻坚再突破专项行动方案，明确30项重点任务，行动成效纳入月度绩效考核。编发"双压降"工作月报，开展"一故障一分析"，分析报告市县分管领导审核，严抓整改措施落实。聚焦供电所配网故障防御能力提升攻坚，综合"一清四防"、自动化改造等措施，完成全市35个供电所"一线一案"现场督导。建立"主线、区段、台区"三级停电管理和"234"跳闸到位责任制，重点治理30条频繁停电线路。

（三）聚焦"网架强化"，提升故障自愈水平

攻坚配电自动化标准化配置，坚持"正规化、规范化、透明化"原则，市县一体协同攻关，抓好新主站建设，新主站FA自愈全投入。加装配电自动化断路器提高分级保护配置，增量用户实现全保护，逐步消化存量，切实做到"用户故障不出门、支线故障不进站、主线故障不全停"。严格开展自动化设备定检，坚持在运设备定期遥控、停电设备全面联调。制定下发《国网东营供电公司配电自动化及保护装置定值整定原则》，创造性提出"站内—分段—分支"三级保护改造方案。"分级保护+故障自愈"模式全面应用，有效提升故障就地隔离及区段自愈能力。

（四）聚焦"能带不停"，刚性执行抓停电

建立"预算式"停电管理机制，停电计划"内部平衡—运检部预平衡—上会正式平衡"三级平衡，严格管控停电计划次数和停电时户数指标；构建"主业+产业"带电团队，强化配网工程、配电运维和带电作业协同联动，逐步打破计划停电思维，由停电施工向分时段、分区域不停电作业施工转变，完成28.5km架空导线

带电绝缘喷涂改造，累计开展带电作业8595次、多供电量7186.4万kWh、减少停电时户数100.6万时户，不断增强客户用电安全感。中心城区建成"预安排零停电"示范区，示范区内不安排影响客户用电的计划停电，实现巡视、检测、检修、消缺、抢修、业扩等配网全业务用户"零感知"。

（五）聚焦"停电感知度"，提升优质供电水平

开展低压客户大走访，印发抢修电话服务卡片46万余份，及时响应处置客户用电诉求。微信群实时跟踪报修工单，抢修人员报送现场照片、发放服务卡片，及时督导共性及易发工单问题。加强与小区物业沟通联系，抢修人员加入物业群、网格群，发布抢修电话、抢修进展，减少客户因信息滞后产生焦虑的情况。中心城区优化3个抢修站点业务范围，实现营配业务末端融合，提高抢修业务运转效率。利用智能配电变压器终端实时监测停电信息，抢修终端自动派发工单，现场处置"先复电后抢修"，降低客户停电感知度。

四　主要成效

（一）配网跳闸、抢修工单双压降

2022年主线故障停运10次，故障停运率0.11次/百公里·年，居全省第一；线路结构标准化率由64.5%提升至83%，线路联络率由73.2%提升至95.9%，N-1通过率由59.6%提升至94.8%；配网报修工单2321件，同比压降6.3%。

（二）配网管控管理水平有效提升

户均停电时间同比下降41.3%，配网自动化标准化配置率提升至91.8%，"分级保护+故障自愈"模式获省公司推广，自动化断路器隔离故障1527次，减少故障停电时户数2.8万时户。

五　管理经验

供电可靠性专业瞄准"特精优"，坚持以客户为中心，深刻剖析供电可靠性管理的影响因素及提升措施，找准问题、定制方案、敢打敢拼、一抓到底，营造"人人参与可靠性管理"的良好氛围，保障电力供应更可靠性，服务营商环境再优化。

（一）制定"一个高目标"，聚力攻坚实现争先突破

随着经济社会的发展，能源保供、乡村振兴、民生保障、营商环境对供电可靠性提出更多、更高的要求，加上油地电网融合，专业管理思路和侧重点需要与时俱进。面对新形势，可靠性专业坚定高标准目标不动摇，从指标管控、专业管理、争先创优三个维度发力，对照年初制定的管控目标和重点工作，剖析供电可靠性管理的影响因素及提升措施，找差距、补短板、强弱项，编制下发供电可靠性管理工作提升方案，分解形成三类10项目标任务，全力保障供电可靠性指标争先创优再上新台阶。保持专业敏感性，定期开展指标分析研判，掌握最新的业绩指标完成进度和位次变化，及时了解工作瓶颈难点，深入挖掘指标加分项目，根据优劣势分类制定管控策略；保持管理主动性，主动承担省公司重点工作，向上争取获得省公司支持，积极参加电力行业职业技能竞赛，提高技术水平和专业素质。

（二）牵好"两条责任线"，压实担子激发干事活力

1. 牵好责任明晰的"管理线"

将供电可靠性管理提升工作纳入重点工作，建立"领导带动、全员互动、点评推动、考核促动"的"四轮驱动"工作机制，全面协调工作中各类问题。制定下发供电可靠性提升工作方案，层层压实责任，实行"日监测、周通报、月分析"，编制供电可靠性分析月报，突出专业重点工作，过程跟踪闭环管控。

2. 牵好落责有声的"奖惩线"

完善供电可靠性专业体系和组织架构，加快供电可靠性和专业管理深度融合。每年开展可靠性年度目标分析预控，任务细化分解到专业部门，管理延伸穿透到基层班组。将业绩指标评价细则及年度重点工作细化分解融入绩效考核办法，按各单位完成情况奖进罚退，充分发挥绩效考核"指挥棒"作用。

（三）抓住"三个关键点"，市县一体实现同频共振

1. 科学施策，市县一体精准发力

以"强网架、抓运维、补短"为原则，将缩小县公司配网管理水平差距作为切入点，推动市县供电可靠性指标争先创优再上新台阶。建立市县一体、区域协作带电作业合作机制，协助完成微网发电、旁路作业等三、四类复杂项目，现场解决疑难问题，重点强化对县区专业帮扶，不断提高集团化作战能力。每季度召开全市配网攻坚提升总结会，晾晒指标完成情况，形成市县奋勇争先局面。

2. 稳扎稳打，市县一体凝聚合力

坚持数据唯真唯实，将数据质量作为可靠性工作基础，按照"先主观类、后客观类"顺序分类整改，定期对全市停电事件进行闭环校验，确保基础台账与实际动态一致，运行数据与现场停电闭环。针对多频高发问题，总结提炼流程技巧，明确处置流程，做实专业指导。针对市县指标不平衡问题，坚持问题导向和目标导向相结合，梳理下发频繁停电线路、台区明细，组织整改方案编制，跟踪督导落地实施，实现同质化管理。

3. 搭建平台，市县一体共享提升

制定全年培训计划，按照管理型、技术技能型进行有针对性培训，丰富培训形式和载体，多样化提升市县可靠性管理人员业务水平。邀请项目组运维人员现场授课，通过大讲堂、诊断分析会等方式搭建工作经验共享平台。建立涵盖市县班（所）三级可靠性管理人员团队，采用"现场协调＋互联网"方式，多措并举实时解决难题。

坚持"1234"管控措施，持续降低10kV线路故障率
——国网莱芜供电公司典型经验

简介

　　本案例主要介绍了通过压降10kV配电线路故障，提升供电可靠性的典型实践，从加强线路设备运维、狠抓重复跳闸线路整治、防外破管控等方面明确具体措施，降低配电线路故障停运率。本案例适用于配电线路故障率高的城镇、农村地区，降低配电线路故障停运率参考。

一　工作背景

　　供电可靠性是供电企业一项重要的经济技术指标，体现了一个供电企业对电网建设、改造、运行和维护等综合管理水平。配电线路故障停电是其中重要的一项指标。在市场经济条件下，提高供电可靠性，减少停电是电力企业发展的需要，也是社会主义市场经济发展的必然要求。2021年莱芜地区10kV线路累计4516.43km，架空线绝缘化率为80.84%，全口径停电总时户数为26283.02时户，其中故障停电时户数21188.11时户，占比80.62%，故障导致的停电比较严重。从故障停电原因来看，自然灾害导致停电时户数10683.67时户，占比最大，其次是外力因素和用户影响，故障停电责任原因分析见图1-29。为进一步提升供电可靠性，持续压降10kV配电线路跳闸，降低配电线路故障停运率，国网莱芜供电公司制定了10kV配电线路跳闸压降"1234"管控措施。

二　主要做法

（一）"一张表"强化防外破管控

1.建立"一张表"

国网莱芜供电公司各供电中心梳理辖区内市政工程、房地产开发等施工项目，

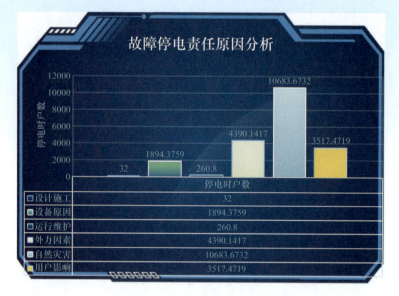

图1-29 莱芜地区2021年故障停电责任原因分析图

建立工程施工档案"一张表",报运检部备案。

2. 每周更新"一张表"

及时掌握配电线路通道内施工的动态情况,每周五进行"一张表"更新,并将更新内容报运检部。

3. 加强隐患点防护措施

对长期施工外破隐患点,积极与交通局等政府部门沟通汇报,经许可后采取督促施工单位设立限高警示牌、安装夜间爆闪灯、限高杆等措施,并对易遭车辆碰撞的杆塔设置防撞墩、装设防撞警示带。对"一张表"中外破隐患点,缩短巡视周期,必要时采取现场盯防等措施。

4. 开展差异化考核

对"一张表"中已备案的隐患点,在采取相应措施后仍发生线路跳闸的,提供巡视记录、盯防照片、限高杆安装等佐证材料,考核减半;对未在"一张表"中备案的隐患点,发生线路外破跳闸的,考核加倍;对机械施工、车辆等外破因素导致线路跳闸的,落实相关人员和车辆责任,并进行警示教育和索赔,考核减半。

(二)"两个加强"提高巡视效率

1. 加强配电线路巡视责任落实

以苗山所、雪野所、里辛所及2个配电运检班为试点,在10kV配电线路所有杆塔安装省公司要求的射频码、二维码。配合省公司完成供电服务指挥系统巡视管控模块功能完善,利用省公司统配的移动巡视终端,线路设备主人每月开展线路巡视

"打卡"签到。国网莱芜供电公司运检部和各供电中心每月挂 4~5 张巡视监督牌，供电服务指挥中心每周系统检查 1~2 个班所线路巡视记录，督促各班所有序开展巡视工作。认真开展线路故障跳闸后巡视，第一时间将跳闸原因以视频形式反馈至运检部及各供电中心。

2. 加强可视化智能远程监控

以大王庄所、口镇所、辛庄所及高新供电中心配电运检班为试点，在线路附近长期施工点、大型车辆通道、松园等外破易发区域加装可视化监拍装置。采用"输电智能监控中心＋供电所"共同监控模式，实现外破隐患实时告警、实时监拍、影像资料实时查看。

（三）"三级保护"精准隔离故障

开展配网三级保护改造，在线路主干线及大分支线加装分支断路器，在用户侧加装分界断路器，形成"变电站出线断路器—分支断路器—分界断路器"三级保护，实现"用户故障不出门、支线故障不进站"。

1. 选择断路器最佳安装位置

每月 15 日前，国网莱芜供电公司各供电中心梳理线路真实状况，如实上报线路长度、负荷情况等基础数据；每月 20 日前，调控中心优先确定跳闸三次以上的线路断路器安装位置；每月 30 日前，确定全部线路的断路器的安装位置，最大程度缩小故障范围。

2. 合理设置各级断路器保护定值

调控中心根据线路实际情况及断路器安装计划，精确计算每级断路器的保护定值，在断路器安装前三天完成定值单下达，确保分支断路器上杆前，各级断路器同步完成定值设置，三级保护切实发挥作用。

3. 加快三级保护改造进度

统筹利用带电作业及工程施工，积极加装分支断路器。以重复跳闸线路为重点治理对象，实现重复跳闸线路全覆盖。

（四）"四项措施"提升设备安全运行水平

1. 做好线路局部绝缘化治理

以重复跳闸线路为试点，对跌落式熔断器、隔离开关、避雷器、线夹、配电变压器高压侧引线等 5 个重点部位开展局部绝缘化。每月 20 日前，国网莱芜供电公司各供电中心以杆塔、配电变压器为单位，统计需要局部绝缘化的点，报运检部备案。同时按照轻重缓急顺序，每周选择 10~20 个现场满足带电作业条件的局部绝缘化的点，提报带电作业加装护套周计划，供电服务指挥中心做好带电作业申请的审核把关。力争年底前实现重复跳闸线路重点部位绝缘化率100%。其他线路状况，按轻重缓急对局部绝缘化工作量进行统计，每月31日之前报运检部备案，统一组织绝缘化治理项目储备。

2. 做好线路防雷水平提升

以高庄所、茶业所等易落雷区域为试点，完成运行6年以上老旧避雷器台账梳理统计。城区全部采用带电作业方式更换。供电所优先采取带电作业方式更换，同时结合线路停电更换，确保停电线路一次性完成全部6年以上老旧避雷器更换。利用接地极维修项目，对接地电阻不合格的接地装置进行试验检测及维修，确保接地电阻全部合格。强化新上线路的防雷设施验收把关，对接地电阻和防雷设备严把工艺、质量关，提升配电线路防雷水平。

3. 做好防小动物工作

完成配电室、电缆沟、环网柜等封堵情况排查梳理，对封堵物破损、脱落、老化的重新封堵。配电室门口要装设挡鼠板，挡鼠挡板缝隙和门窗缝隙不宜大于2cm。对位于山林区配电室周围5m以内树木进行清理或修剪，防止小动物从树上跳落至配电室线路设备。开展配电室穿墙套管治理专项行动，利用自主维护材料，消除未绝缘化的配电室穿墙套管。根据历年鸟害情况，以苗山所、寨里所等鸟害易发区域为重点，加装驱鸟、防鸟装置，利用冬天鸟害空档期对耐张杆塔进行全覆盖防护。关注天气预报，每次雨雪来临之前要对鸟巢开展专项巡视治理。

4. 加强电缆设备运检管理

开展电缆线路台账专项排查，完成城区电缆路径测试，明确电缆走向，完善电缆标示桩、警示牌。完成产权电缆头、中间接头等电缆附件基础信息的梳理摸排，明确地理位置，建立电缆附件基础台账，并报运检部备案。做好环网柜、分支箱等设备防凝露工作，以雪野所等凝露易发区域为重点，参照城区环网柜防凝露治理方式，完成全部环网柜防凝露治理。全面排查环网柜传动机构，对生锈卡涩的及时完成项目储备。做好电缆试验检测技术监督，重点做好配网工程、大修技改项目涉及的电缆线路段新投运前的电缆试验检测验收把关，留存电缆试验检测现场影像视频资料并报运检部备案。梳理工程项目电缆明细及里程碑计划，投运时间节点前开展电缆试验检测技术监督，确保新投运电缆线路段试验检测率100%。做好电缆附件制作质量管控，建立具有电缆附件制作资质的人员信息库，所有电缆附件均需具备制作资质人员施工制作。做好"电缆附件制作备案表"备案制（见表1-3和表1-4），做到电缆附件制作质量可管控、制作责任可溯源。

表1-3　　　　　　　　　　　　　　　　外部工程施工档案表

序号	管辖班所	外部工程 名称	外部工程 地点	计划施工 起止日期	外部工程 联系人	联系电话	临近线路 起止杆号

表1-4　　　　　　　　　　　　　　　　电缆附件制作备案表

线路名称		电缆附件位置	（具体线路位置以及 地理经纬度坐标）
电缆附件制造商			
电缆附件形式	终端头□ / 中间头□ / T型头□ 冷　缩□ / 热　缩□ / 预　制□		
电缆附件出厂时间	年　　　　月　　　　日		
制作时间	年　　　　月　　　　日		
施工单位			
制作人员（签字）			
验收人员（签字）			
备注			

三　工作成效

国网莱芜供电公司坚持"1234"管控措施，从加强线路设备运维、狠抓重复跳闸线路整治、防外破管控等方面明确具体措施，截至2022年底，10kV配电线路故障停运次数同比下降47.83%；累计完成180条配电线路分级保护改造，覆盖率达到53.57%。加强配网故障防御新技术应用，在城子坡站试点应用分布式故障录波器，正确分析10kV线路跳闸原因，提高了事故处置效率。

下一步将进一步开展重复跳闸线路治理"一线一案"，加快推进10kV常庄线等12条重复跳闸线路维修项目，提高线路安全运行水平。加强线路通道附近各类外部施工管控，建立工程施工档案，每周进行档案更新，在施工密集区段和施工密集时间进行盯防。强化用户设备管理，重点对近三年跳闸3次及以上用户开展专项检查，督促客户加强设备运维和隐患整改，减少因用户设备故障引起的公用线路跳闸。

供电可靠性管理典型案例

第二章

规划建设

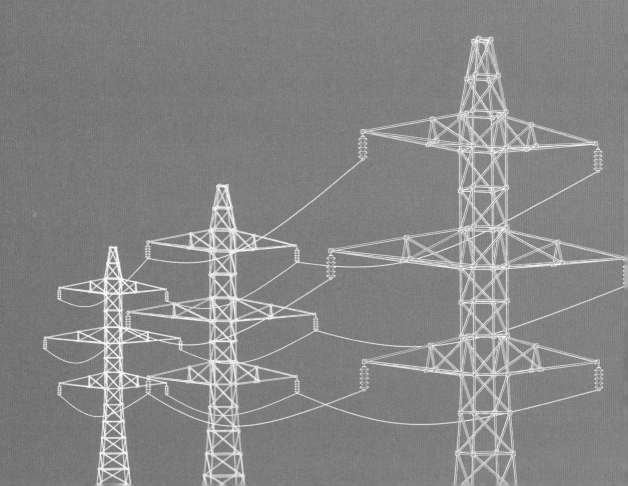

构建异站联络　着力优化网架结构
——国网淄博供电公司配网规划典型经验

简介

　　本案例主要介绍了网络结构优化升级在解决线路重过载、负荷快速转供等问题中的典型实践，改善中压10（20）kV配网网络构架，建立异站联络、双回路供电、环网供电、点网络供电及多分段多联络等各种供电形式，对提高供电可靠性具有重要的作用。针对工业园区负荷增长、单辐射线路重载问题，本案例新建两条线路实现站间拉手，从而均衡线路负载，灵活网架结构，有效实现故障快速转供，缩小停电范围。本案例适用于变电站可接入容量充裕、线路通道适宜的市中心区，市区在网架结构优化方面进行参考。

 ## 一　工作背景

　　山东省淄博市淄川区双杨镇属山东省传统建材重工业强镇，随着淄博市实施传统产业转型省升级，将在淄川区双杨镇新建建陶工业园区，逐步形成建材产业规模效应，助力企业迅速发展壮大，预计目标区域未来负荷增长约为8000kW。

　　为保障目标区域的可靠供电，将对目标区域的网架结构进行优化升级。该目标区域为C类供电区域，主供线路有2条，为110kV双河站10kV南铺线及10kV双凯线，南铺线投运时间为2005年，主干线路采用JKLGYJ-240型导线，最大供电半径2.56km，最大负载率达60%，双凯线投运时间为2007年，主干线路采用JKLGYJ-240型导线，最大供电半径2.89km，最大负载率达到63%，两条线路已接近重载，不能满足新增负荷用电需求，同时10kV南铺线及10kV双凯线均为单辐射线路，在发生故障时难以将线路所带负荷转供，供电可靠性有待提升。

二 主要做法

110kV辛庄站位于目标区域附近，计划自110kV辛庄站新出10kV红星线、10kV建材线。红星线向西南拖管敷设双回电缆0.27km至乡道西侧，后沿乡道西侧向西北部拖管敷设单回电缆0.32km至新建1号钢管杆，后自1号钢管杆沿乡道架设架空线路0.33km至10kV南铺线盛泰支17—27—10号杆与其拉手；建材线向西南部穿越乡道拖管敷设单回电缆0.16km至新建1号杆，后沿乡道东侧向南继续架设架空线路0.82km至双凯线45号杆与其拉手，最终实现与10kV南铺线、10kV双凯线形成联络，接带南埔线末端负荷8500kVA及双凯线末端负荷7000kVA，同时根据负荷分布情况新增自动化分段断路器，通过光缆进行通信，对线路进行合理分段，最大可能实现故障区间隔离，缩小停电范围。优化前后的网架结构见图2-1和图2-2。

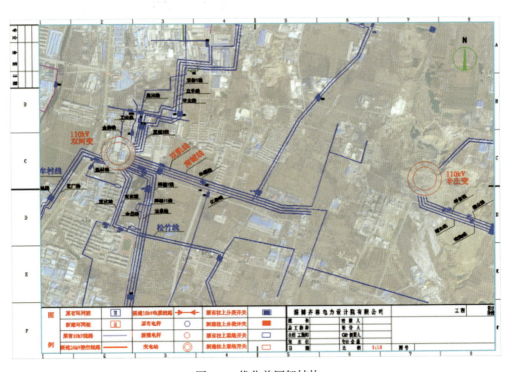

图2-1 优化前网架结构

三 主要成效

通过自110kV辛庄站新出红星线、建材线，分别与南铺线、双凯线联络，不仅

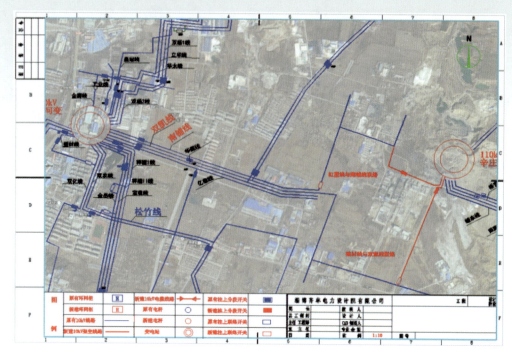

图 2-2 优化后网架结构

可解决10kV南铺线、10kV双凯线线路重载问题，为后续负荷增长提供保障，而且实现了双河站与辛庄站的站间拉手，彻底解决了南铺线、双凯线的单辐射问题，完善了区域网架结构，极大地提升了供电可靠性和供电质量。

案例2 220kV益弥线迁改带电跨越110kV弥营、旺齐线工程
——国网潍坊供电公司规划典型经验

简介

　　220kV益弥线78—86号位于高速公路济青中线建设区内，是临朐县道路建设重点迁改市政工程。国网潍坊临朐县供电公司采用带电搭拆跨越架方式跨越110kV弥营线、旺齐线施工，避免了14家重点企业客户停电5天，先后搭建跨越架5处，累计挽回客户经济损失8000多万元。

一　基本情况

　　220kV益弥线78—86号位于高速公路济青中线建设区内需迁改，220kV益弥线新建线路段因跨越110kV弥营线、旺齐线架线施工需配合停电5天。110kV营子站由110kV弥营线主供，110kV旺齐线营子支线备用。110kV弥营线、旺齐线停电，110kV营子站将失去主供电源。初期采取的供电方案是断开110kV旺齐线47号塔弓子线，由110kV弥齐线接带110kV齐庙站负荷，再由110kV旺齐线47号塔以后线路及110kV旺齐线营子支线串供至110kV营子站带营子站负荷，见图2-3。

　　110kV营子站和齐庙站供电负荷共计109MW，110kV弥齐线接带能力86MW，

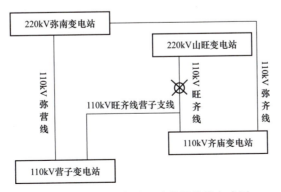

图2-3　110kV弥郝线、弥营线接线方式图

缺额33MW，通过正常方式调整和35kV线路反送母线等特殊方式调整，可转供负荷15MW，但转供后仍缺额18MW。因此110kV营子站35kV营榆线、方山线、广华线、华建线、郝安线5条客户线路需配合停电，涉及医疗等多个行业共计14家重点企业客户，造成6000多万元损失。

二　方案优化

　　220kV益弥线新建跨越110kV弥营、旺齐线部分地势较为平坦，符合搭设跨越架的地形条件，但因110kV弥营、旺齐线净高超过30m，跨越架搭设难度较大。弥郝线、弥营线搭设跨越架地形条件见图2-4。

图2-4　弥郝线、弥营线搭设跨越架地形条件

　　（1）成立联合工作专班，扎实做好现场安全、施工任务、节点目标等各环节过程管控，对跨越点进行详尽勘察，绘制跨越点断面图，见图2-5。

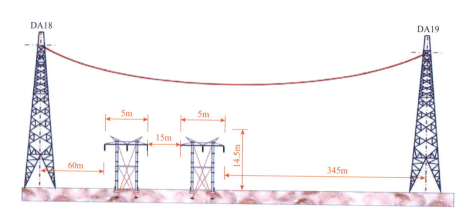

图2-5　跨越点断面布置示意图

（2）集中讨论跨越施工方法，了解跨越施工现场平面布置，见图2-6，做好施工前材料、人员准备工作。严格风险分析与预防控制措施落实，明确作业流程图、作业程序和规范等前期准备工作。

（3）对照设计图纸，全面摸清施工中存在的风险点和施工难点，编制《220kV益弥线改造跨越110kV弥营线（18—20号）、110kV旺齐线（18—20号）专项施工方案》，为消除作业风险、合理优化作业工序、科学编制施工计划提供重要依据。

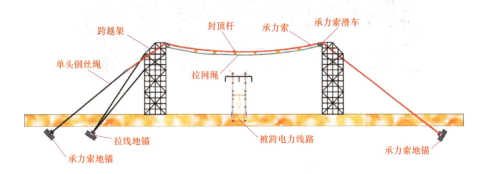

图2-6　跨越施工现场平面布置图

三　工作成效

（1）受到了临朐县委县政府的高度认可和评价（见图2-7），创出了输电线路迁改的"临朐经验"。

图2-7　相关领导讨论研究输电线路跨越架搭建（一）

图2-7 相关领导讨论研究输电线路跨越架搭建（二）

（2）在线路迁改中先后搭建跨越架5处，避免了客户经济损失共8000多万元。

（3）得到国网潍坊供电公司领导的充分肯定，开展了输电线路跨越架搭建专题研究，形成了一整套典型模式并在国网潍坊供电公司系统推广应用。

案例3

以配网工程为抓手助力建设绿色电网
——国网青岛即墨区供电公司配网建设典型经验

简介

　　本案例主要介绍了配网工程在绿色电网建设中发挥的重要作用，结合重过载、接户线卡脖子问题治理，建设精品示范台区，超前考虑分布式光伏接入和清洁消纳，深入探索柔性直流技术在台区协同互补中的应用，"以点带面"逐步推动供电可靠性提升。本案例适用于台区示范亮点打造，配网工程转型升级参考。

一　工作背景

　　青岛即墨汪河水南村位于莲花山风景区内，主要发展乡村旅游、采摘、民宿、农家宴、特色种植等产业，是即墨区政府和华侨城集团联合打造农、旅、文、养、创多元融合的乡村振兴示范项目。该村低压供电主干线型号为JKLYJ-1-120、JKLYJ-1-70，共接带客户83户，所在供电区域季节性负荷变化明显，夏季高温负荷较大，高荷期间配电变压器（200kVA）负载率86%，难以满足居民生活用电及负荷发展需求，急需增容配电变压器。

二　思路和做法

（一）总体思路

　　依据《配电网规划设计技术导则》（DL/T 5729—2023）和《国家电网公司关于加强配电网规划与建设工作的意见》，通过配农网工程开展配电变压器增容改造，同时紧密结合乡村振兴示范项目，国网青岛即墨区供电公司决定建设汪河水南村低压精品示范台区，超前考虑分布式光伏接入和清洁消纳，深入探索柔性直流技术在台区协同互补中的应用，"以点带面"逐步推动供电可靠性提升。

（二）典型做法

1. 配电变压器改造

依托汪河水南村示范台区，国网青岛即墨区供电公司成立配网工程建设管理小组，将安全、质量、技术、造价、项目“五位一体”管理模式融入工程设计、施工、竣工验收各个阶段，合理制定施工里程碑计划，确保工程按时开工。设计单位对标准工艺应用进行交底，监理单位严格按照《小城镇（中心村）和机井通电施工工艺》现场监督标准工艺应用情况，施工单位台架组装一次成型，线路架设工艺规范、弧垂一致，低压电缆敷设干净利落、安全可靠，见图2–8。同时积极采用带电作业，缩短停电时间，提高经济效益。

图2–8　台架施工现场图

工程实施后，汪河水南村增容至2台配电变压器供电，容量均为400kVA。

2. 精品示范

汪河水南村全村居民196户、动力用户15户，其中自然人光伏4户（约60kW），负荷包括居民生活、农业生产、景区运营等，具有旅游、养殖季节性用电的典型特征。

国网青岛即墨区供电公司融合光伏、储能装置和智能有序充电桩，打造“光储充放”一体化微网系统（见图2–9），形成电网友好型的清洁能源消纳模式。通过光、储、充、荷的协同优化控制，实现示范台区清洁用能、激活绿电就地消纳，缓解电网压力。

应用直流升压技术，安装具备逆变和变压功能的低电压复位（LVR）控制装置（见图2–10），将三相交流输入转化为直流，通过直流传输减少衰减，在线路末端将直流变换为交流，根据供电电压实现负载侧自适应“柔性”调制，提升供电线路末

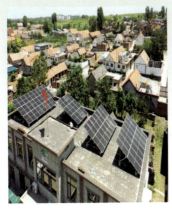

图2-9 "光储充放"一体化微网系统

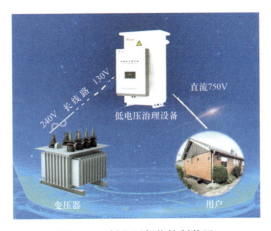

图2-10 低电压复位控制装置

端用户电能质量，保障乡村振兴产业安全、可靠用电。

　　试点部署低压柔性直流配电换流阀，通过柔性直流用电系统的功率精准调控能力，实现各台区之间的各类分布式电源协同互补，提升区域负荷的可靠、清洁供电能力。低压柔性直流互联示意图见图2-11。

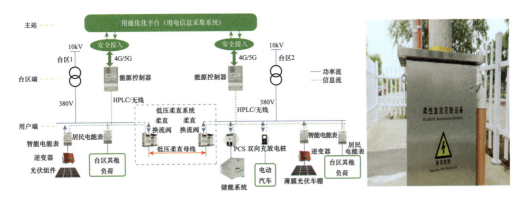

图2-11 低压柔性直流互联示意图

三 成效与展望

工程投运后，原配电变压器负载率由96%降为53%，户均容量由2.24kVA/户提升至4.19kVA/户，解决了台区重载现象，提升了供电能力。居民客户端电压合格率由99.97%提升至100%，低压线损率由5.32%降至2.43%，功率因数由0.95提升至0.99，增加供电量230kWh，有效提升了供电质量水平。下一步，国网青岛即墨区供电公司将以汪河水南村低压精品示范台区为样本，大力提升台区建设水平，积极应用高新技术手段开展清洁电源消纳、台区协同互补，为建设绿色电网、完成"双碳"目标贡献经验。

供电可靠性管理典型案例

案例4

精准化投资　精益化建设
提升台区供电可靠性
——国网青岛莱西市供电公司配网建设提升典型经验

简介

　　本案例主要介绍了配网工程在解决台区重过载、线路卡脖子问题中的典型实践，在标准化项目部建设、项目建管质量管控、工程管理数字化转型等方面成效显著，隐患一次性消除，同步考虑负荷发展需求，应用系统思维开展台区综合提升。本案例适用于城镇、农村地区台区综合治理，配网工程转型升级参考。

一　工作背景

　　青岛莱西市茂芝场村10kV金属集团1号台区（见图2-12）位于莱西市水集街道办事处，属于B类供电区，投运于2010年。台区配电变压器型号为S11-200kVA，建设形式为台架式。2021年最高负荷188.92kW，最大负载率87.8%，客户122户，户均容量为1.63kVA，低压线路为LGJ-35裸导线，供电半径为0.380km。该区域季

图2-12　青岛莱西市茂芝场村10kV金属集团1号台区

115

节性负荷变化明显，接带客户用电量较大，已经出现重过载问题，不能满足该区域居民生活用电及今后台区内负荷发展需求，急需改造配电变压器和低压线路。

二　思路和做法

（一）总体思路

1. 强化"三部两代"职责落地，抓实配网工程管理

全面推行"三个项目部""甲方代表""设计工代"管控机制（见图2-13），统筹考虑年度工程规模、承载力因素，成立业主、施工、监理标准化项目部，抽调设备主人、设计单位精英协助履行监管职责，实现人员、计划、现场、关键环节的"四个管好"。工程总投资22.3万元，改造配电变压器1台，变压器型号为S13-400kVA，采用柱上变压器方式安装，更换0.4kV低压出线电缆1路，长0.03km，电缆型号为YJV22-4×240，更换400kVA低压配电箱1台。

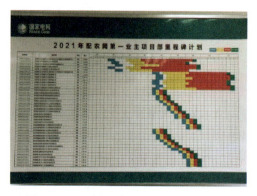

图2-13　"三部两代"职责落地具体措施

2. 开展业务技能培训，提升工程建管质量

以学促管、以鉴强管，组织"三部两代"及现场施工人员深入学习配网工程建设规章制度，实地观摩典型样板工程，结合"工程推进会""安全日活动""现场检查"进行业务技能素质"考问"，全面提升技能水平（见图2-14）。

3. 深化业务管理数字化转型，提高配网工程管理质效

利用配网建设全过程管控平台，从初设评审、项目建档、物资备料、施工现场、竣工验收至项目归档等十个关键环节进行全过程管控，实现工程建设远程监管（见图2-15）。贯彻执行国网典设应用，紧紧围绕"安全可靠、坚固耐用、先进适用、标准统一"的原则，严格执行国家电网有限公司配网设备标准化设计方案，典设应用率和标准化物料应用率均达100%。

图2-14　相关人员深入学习规章制度并实地观摩

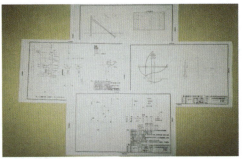

图2-15　配网建设全过程管控平台图

（二）典型做法

1. 创新施工管控模式

积极探索"互联网＋工程管理"，将工程远程监管由电脑端转移至手机端操作，利用手机端"i配网工程模块"对工程进展进行远程管控（见图2-16），大幅提升工程建设管理效率，实现现场与系统的"实时同步"。

2. 创新施工转型升级

按照"能在车间做的不在现场做、能在地面做的不在高空做、能提前做的不在施工时做"的思路，深化工厂化预制、机械化作业成果应用（见图2-17），提高建设效率和工艺标准。

3. 创新入网验收管理

开展变压器、JP柜（JP综合配电箱）、接地扁钢、跌落式熔断器、剩余电流保护器等金属检测、电气性能检测专项监督力度。利用"无人机"高空航拍、关键工艺抓取（见图2-18），每一项工程、每一个环节争优创优，实现现场过程全面管控、全方位过程验收。

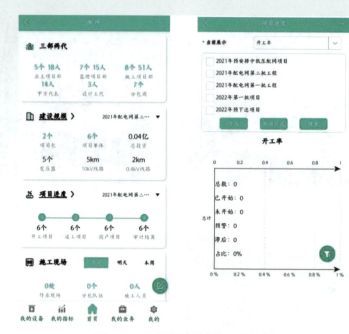

图2-16　手机端远程监管工程操作

图2-17　深化工厂化预制、机械化作业成果应用图

图2-18　利用无人机全方位管控

三　成效与展望

预期成效：项目实施后，解决金属集团1号台区导线存在的线径过细、断股、散股及电线杆老化、露筋、金具老旧等问题，改善原20基杆塔严重老化、裂纹、露筋等现象，消除原台区设备安全隐患，增强台区的供电能力，提升该区域的供电设备水平和供电质量，户均容量由1.63kVA提升至3.35kVA，电压合格率由96.51%提升到100%，台区线损由6.9%降低到1.3%，功率因数由0.85提升到0.99，供电能力和电压质量大幅提升，能够满足5年内负荷增长需求，极大提升居民和"小微"企业用电感知度，优化营商环境，全面助力茂芝场村集体企业发展，发挥良好经济效益、社会效益。

第二章　规划建设

优化综合改造方案，压降停电范围
——国网潍坊昌邑供电公司建设提升典型经验

简介

　　本案例主要介绍了以"压停电、降风险"的有解思维，通过深化专业融合、优化施工方案，充分挖掘电网联络转供潜力，将停电影响及电网风险压降至最小。本案例可供变电站、输电线路多专业改造工程参考。

一　基本情况

　　本工程自2022年11月起，为期2个月，将对辛立站GIS设备、光电TA、保护装置等进行全部更换，并同步进行110kV兴宋线、宋石线绝缘子及光缆改造，涉及金邑矿业、郑家矿业两个一级重要用户。该工程实施过程中需两110kV进线同时停电2天（2条同塔10kV线路同时停电3天），变电站单主变压器运行33天，15条变电站出线至第一个分段断路器间线路轮流停电1天。即使采取正常负荷转供方案，仍会发生停电2400时户，同时2个一级重要用户存在五级电网风险运行41天次。110kV辛立站一次接线图见图2-19。

二　方案优化

　　为了保证工作顺利开展，同时又最大程度地降低电网风险及压减停电时户，保障客户可靠用电，国网潍坊昌邑供电公司坚持"有解思维"推动问题解决，先后16次组织赴现场勘查，5次召开专业综合会，不断优化变电站站内改造顺序、重要用户电源配置、负荷割接方案及线路停电范围，最大限度降低用户停电感知度，全力提升供电可靠性。

供电可靠性管理典型案例

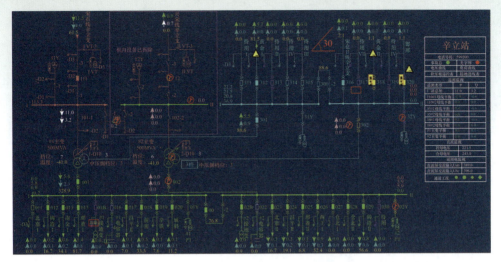

图2-19　110kV辛立站一次接线图

（一）输、变、配专业融合，优化变电站站内改造顺序

按照"电网运行方式允许下的最大检修范围"的思路，确定"先局部、次整体、再局部"的停电模式，即先停辛立站Ⅱ段系统拆GIS，再Ⅰ、Ⅱ段全停拆母联GIS，Ⅱ段改造完成再停Ⅰ段系统，最后10kV出线间隔轮停。其中Ⅰ、Ⅱ段全停阶段，2条110kV进线同停，进线同塔部分的光缆、防鸟罩改造同步结合进行，10kV负荷通过异站联络线路全部转供。在将停电时间压缩至最短的同时，给输、变电施工人员创造最大停电作业空间。

（二）建设临时电源线路，压降五级电网风险

针对辛立站接带2个一级重要用户，且金邑矿业双电源全部来自本站的情况。通过国网潍坊昌邑供电公司研究决定，在停电开始前，将35kV仓街站的热备用电源宋仓Ⅱ线临时T接接入辛立站35kV母线，作为单主变压器运行期间金邑矿业的第二备用电源，实现五级电网运行风险天数的大幅压降，从41天次压降至8天次。临时电源线路示意图见图2-20。

（三）带电作业调整用户接线，减小连续停电影响

变电站Ⅰ、Ⅱ段全停期间，2条110kV进线兴宋线、石宋线同时停电2天，更换光缆、防鸟罩、杆塔绝缘子，其中输电专业需提前1天挂滑轮，为第二天工作做准备，与110kV进线同塔的铸造Ⅰ、Ⅱ线（1—59杆）需同时停电3天。铸造Ⅰ线59号杆小号侧带2个用户，铸造Ⅱ线38号杆带1个用户。10kV铸造Ⅰ、Ⅱ线简图见图2-21。

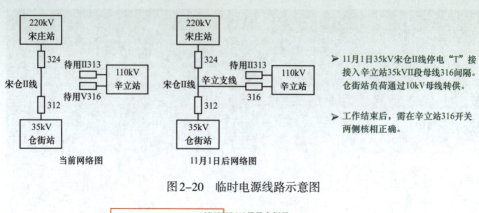

图 2-20　临时电源线路示意图

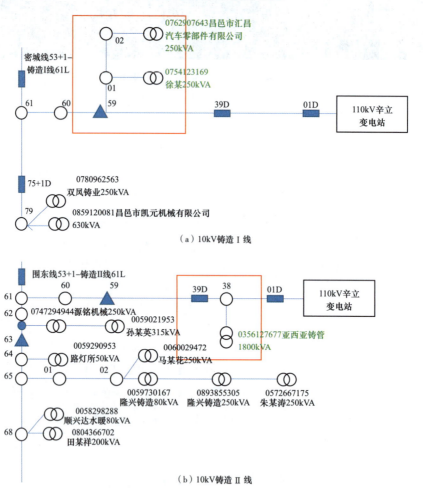

（a）10kV 铸造 I 线

（b）10kV 铸造 II 线

图 2-21　10kV 铸造 I 、II 线简图

　　针对以上情况，采取3种措施压降铸造 I 、II 线用户停电时间。一是提前1天，带电作业在59号杆开耐张，增加隔离开关2套，铸造 I 、II 线59号杆后负荷转供拉手线路；二是铸造 I 线2个用户T接点带电作业割接至59号杆隔离开关后（见图2-22）；三是铸造 II 线1个用户带电作业割接至相邻的南金 I 线供电。

图2-22　改进完成后59号杆图

（四）带电作业开断线路，缩小停电范围

变电站二次工程中，10kV出线间隔的光电TA需全部更换，需站内断路器至第一个分段断路器停电，解开站内电缆头更换TA。其中南金Ⅰ线第一个分段断路器是17D，该断路器前有14个台区，需要停电。优化方案：线路负荷转供完成后，带电作业断开1号塔电缆头，减少停电时户数140时户。10kV邢董Ⅰ线简图见图2-23。

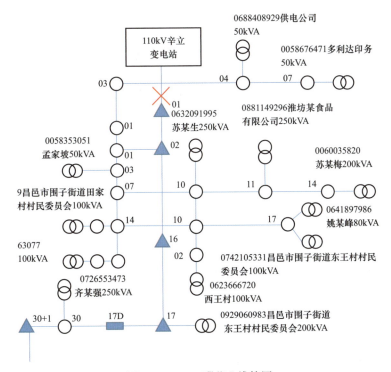

图2-23　10kV邢董Ⅰ线简图

三　工作成效

　　通过优化站内改造方案、建设临时电源、带电作业协同作业等措施，压减停电2240时户，压降比例达93.3%，大幅降低了客户停电感知度，有效提升了供电可靠性。同时，一级用户电网五级运行风险天数大幅压降，从41天次压降至8天次。

案例6
不停电作业全面支撑配农网工程建设
——国网临沂莒南县供电公司建设提升典型经验

简介

本案例主要介绍了配网不停电作业在配农网工程建设中推进工程进度、减少停电感知度，提高供电可靠性方面的典型实践，在提高供电可靠性、降低用户平均停电时间、提高带电作业化率，减少因配农网工程施工导致的客户投诉等方面成效显著。本案例适用于配农网工程推进，配网工程转型升级参考。

一　工作背景

随着莒南县社会经济的发展和配网快速建设，因配农网工程施工导致的计划停电事件增加，国网临沂莒南县供电公司"十三五"前3年期间，全县配农网工程共实施557个单体工程，因配农网工程施工计划停电392项，影响供电可靠率指标0.04个百分点，带电作业率仅29.6%。随着用户停电感知敏感度越来越高，对供电质量提出了更高的要求，配农网建设施工导致的停电增多与客户供电可靠性要求之间的矛盾越来越突出。

二　主要做法

（一）以"市县一体"管理为引领，支撑配农网工程建设

1. 加强专业队伍建设

以运检部带电作业班为基础，着力加强带电作业队伍建设。通过对未来3年配农网建设规划分析，掌握配网工程不停电作业工作量，从集体企业选拔四人充实到不停电作业队伍，解决了不停电作业施工承载力不足的问题，同时为集体企业培养

了不停电作业技术骨干，为其今后独立开展不停电作业工作打下了基础。

2. 专业管理提升

带电作业班现有人员18人，持证人员15人，具备复杂四类作业能力，保证日常有两辆带电作业车开展计划工作，一辆车处理应急缺陷、抢修等临时性工作，大大提高了作业水平和应急保障能力。2021年1—6月国网临沂供电公司带电作业中心发挥专业技术优势组织开展专业培训4期，根据国网临沂莒南县供电公司不停电作业实际工作、新技术和新设备应用情况，开展了针对性、实用性的教学培训，极大地提高了不停电作业能力和安全管理水平，为开展更广泛、更复杂的不停电作业提供了保障。国网临沂供电公司每季度对国网临沂莒南县供电公司不停电作业开展情况进行多维度考核，及时纠偏，确保了不停电作业的可持续高质量发展。

3. 市县一体资源共享

依托"市县一体、县域协作"体系，国网临沂供电公司运检部组织专家指导国网临沂莒南县供电公司开展复杂不停电作业3次，协助开展配农网工程施工四类旁路作业2次，县县协作6次，解决了县域大型复杂不停电作业能力人员、设备不足的问题。同时发挥技术和地域优势，在国网临沂供电公司统一调配下，积极协助临港供电中心、国网临沂临沭县供电公司、国网临沂沂南县供电公司开展带电作业68次，实现了人员、设备等资源的共享、高效利用。

（二）以"三保障"为基础，支撑配农网工程建设

1. 人员保障

以现有人员装备为基础，充分调动作业人员、管理人员的积极性。针对配农网工程施工不停电作业特点，研究编制培训科目，形成配农网工程典型不停电作业方案，每年对作业技术人员培训4次，并在实施过程中不断完善培训方案内容。通过配农网工程不停电工作实践练兵，进一步提高不停电作业力量，提高配农网工程建设管理创新能力，培养了一大批配网带电作业技术骨干和管理人员，1人被提拔为副所长、2人成为集体企业施工队长、3人成长为不停电作业组长，满足配网建设发展及精益运检需求。

2. 制度保障

结合配农网工程建设管理及施工管理实际情况，制定了《配农网工程不停电作业管理办法》，明确了各职能部室、参建单位职责和工作标准、工作流程，将不停电作业合理融入配农网施工，细化不停电作业在配农网项目前期参与、作业计划方案制定及审批、方案实施、措施落实等各关键环节的工作要求，确保配农网不停电

作业安全、规范、有序开展。

3. 安全保障

加强作业人员的安全教育，每周五下午，针对农网工程不停电作业特点开展安全教育培训，切实提高作业人员安全意识和技术水平。加强配农网工程不停电作业安全风险管控，明确各参建单位安全职责，严格作业方案的制定、审查和执行，通过周生产作业计划、关键风险点管控、视频监控、到位监督等手段，保证配农网工程不停电作业安全开展。

（三）以"五全"做前提，支撑配农网工程建设

1. 全员熟知

为了在配农网工程建设中全面推广应用不停电作业，先后组织了11期、500余人次的配农网工程管理人员、设计人员、施工人员和农电工的培训，对开展不停电作业的重要性、不停电作业条件、安全措施等知识进行全面普及，纠正了许多人员的带电作业不安全、停电才能干活的思想意识，为不停电作业合理融入配农网工程项目全过程管理提供了条件。

2. 全时段支撑

因为配农网工程施工现场分布点多面广，外部建设环境越来越复杂，受制于民事协调影响变更频繁，临时性作业计划较多。带电作业班实行24h轮值，全时段参与到配农网工程建设的计划施工、零点工程、临时工程中，做到只要有需求，无论何时均能保证在现场提供不停电作业支持和帮助。

3. 全方位开展

针对配农网工程施工作业特点，开展配农网工程不停电作业新技术、新方法研究，在保证安全的基础上，充分发掘现有技术和绝缘作业平台、绝缘遮蔽用具和绝缘防护用具等作业装备在配农网工程不停电作业中的应用。在相沟镇10kV宋沟二村6号、涝坡镇10kV大涝坡村12号台区新建工程等5个不具备带电车支放条件的现场，采用绝缘脚手架作业，保证工程顺利接火送电。

4. 全过程参与

发挥运维检修部及其带电作业班技术支撑保障作用，通过组织不停电作业技术人员在配农网工程项目前期、工程前期设计、施工设计和施工建设阶段的深度参与，实现不停电作业与配农网工程施工的有机结合。

（1）配农网工程可研阶段的设计、勘查和后期项目工程的初设阶段带电作业全过程参与，保证项目实施过程中具备不停电作业条件、合理确定不停电作业方案。

（2）针对10kV线路改造等复杂工程，实施分步工作法，将不停电作业过程分

解至每个节点，化繁为简，先带电立杆，后停电更换导线，停电时间减少约三分之二。

（3）对可靠性要求高、接带重要客户的改造工程，采用市县一体协同实施第四类旁路作业，实现施工过程无停电。

5. 全面落实后勤保障

随着不停电作业需求越来越多、施工环境越来越复杂、工作难度越来越大，不停电作业人员的劳动强度、工作压力也越来越大。为了确保作业人员拉得出、冲得上、打得赢的备战状态，对作业人员的带电作业条件和环境进行了大力改善，全面落实后勤保障。一是落实了人员加班费用，二是解决了人员的午餐补助，三是带电作业补助按省公司要求落实到位。每人每月增加补助近3000元，大大提高了不停电作业人员的工作积极性。为不停电作业人员配置了降温服，改善了夏季高温作业条件，进一步增强了不停电作业能力。

三　取得成效

通过不断发掘、提高不停电作业技术力量，提高不停电作业技术人员在配农网工程前期的参与度，确保配农网工程设计方案的不停电作业条件，超前勘察掌握不停电作业现场，合理确定不停电作业方案，配农网工程建设施工与不停电作业结合更加紧密，不停电作业参与率大大提高。自2019年至2022年底，共实施配农网工程309个单体，其中不停电作业参与完成271项，占比达到88%，配农网工程施工引起的年用户平均停电时间由3.5h降低到1.7h，可靠率指标提升0.021个百分点。因配网工程施工导致的客户投诉、报修分别较往年同期降低46、51个百分点。

"全域绿电供应" 全量消纳
——国网德州庆云县供电公司建设提升典型经验

案例7

简介

　　本案例主要介绍庆云县作为国家可持续发展实验区，京津冀协同发展、雄安新区的辐射区，县域风光资源丰富，新能源装机容量和发电量比重大，清洁能源优势明显，为打造全域新能源供电提供了有力支撑，凭借如此优秀的地理位置和天然资源，庆云首当其冲开展起了以"六绿"（绿源、绿网、绿荷、绿库、绿脑、绿碳）为要素的智慧电网新型电力系统实践研究。其中，丰富的"绿源"已基本形成，已实现"全域绿电供应"全量消纳。

一　背景介绍

　　为深入贯彻落实国家能源局综合司关于开展低压用户供电可靠性管理工作的通知的要求，进一步深化电力可靠性管理，推进国家电网有限公司供电可靠性管理向低压用户延伸，以全面反映配网供电可靠性水平为主线，依托营配调贯通和电网资源业务中台建设成果，结合新一代设备资产精益管理系统（PMS3.0）建设，基于供电可靠性管控模块，全面推进低压用户供电可靠性统计分析管理。

　　庆云县新能源装机容量目前已达63.83万kW（其中风电装机容量47.96万kW、分布式光伏装机容量15.87万kW），占全县供电容量96.23%。全社会用电量达到8.64亿kWh，新能源发电量已达11.28亿kWh、占比130%，全市最高。新能源装机最高以及最低负荷见图2-24。

　　2021年4月10日至5月10日期间，庆云县共有9天（0～24时）全部使用新能源供电，全省率先实现县域"24h绿电供应"。累计全绿电供应时长超过515h，占总供电时长的71.5%，新能源24h绿电供应见图2-25。

　　根据目前新能源装机容量及发电量分析，庆云新能源发电总量已超出庆云县域内全社会用电的需求，但受用电负荷时间和季节的波动影响，分布式光伏通过逆变器并

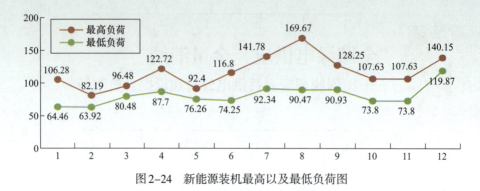

图2-24 新能源装机最高以及最低负荷图

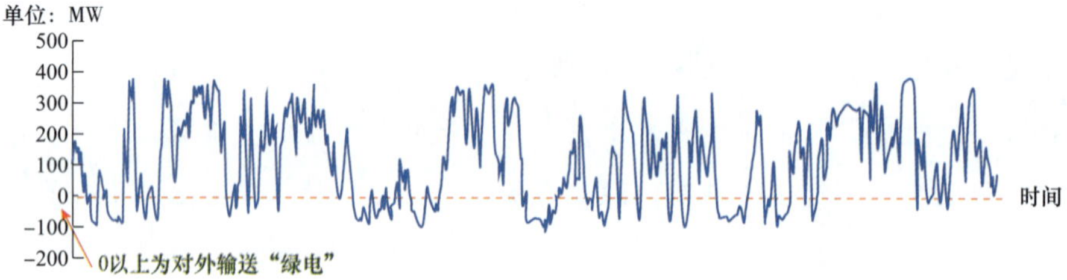

单位：MW

0以上为对外输送"绿电"

图2-25 新能源24h绿电供应

入电网易产生谐波、三相电压不平衡，同时输出功率波动易造成电网电压波动和闪变，对电网及用户的供电可靠性产生较大危害和运维压力。针对高渗透率低压分布式光伏接入带来的问题和挑战，按照"保消纳（光伏用户）""保安全（人身和电网）"和"保供电（光伏周边用户）"的原则，考虑技术经济性原则，通过智能感知、网架适应性改造、中低压柔性互联与协同控制等技术应用，差异化、灵活应用不同接入技术方案或多种技术的组合方案，实现存量问题台区的综合治理，杜绝新增问题台区，实现低压分布式光伏全量消纳与配网安全、经济、低碳运行，确保用户安全可靠供电。

二 主要做法

（一）建设思路

1. 提升"移峰填谷"用电调节能力

做好有序用电需求响应，解决新能源储能、调节问题，为庆云县独立稳定实现100%新能源供电提供保障。

2. 强化新能源协同管控

充分发挥庆云供电区内新能源装机容量大，调节能力强的优势，建立应用新能源接入评估、电网安全分析、实时运行控制、电力平衡管控、安全稳定控制的全过程电网安全管理体系。

3. 加强新能源数字化监测分析

基于能源大数据中心开展新能源、储能、碳市场等业务的数字化监测分析，见图2-26，推出绿电全景图、绿电模型分析、储能系统分析、绿电要点分析等业务应用，支撑庆云县"全域绿电供应"监测、调控、规划。

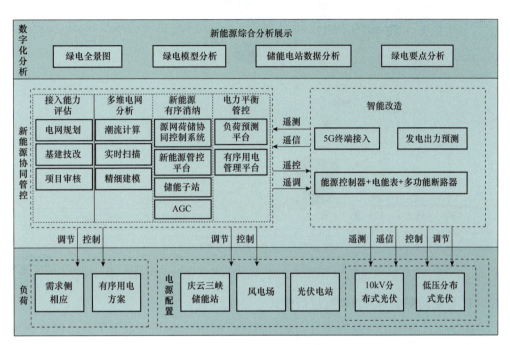

图2-26 新能源数字化监测分析图

（二）建设目标

1. 推动客户侧清洁用能

联合省综合能源公司，推动天宇塑胶、瑞洁环卫2个客户（合计5.6MW）屋顶光伏项目与隆盛热电余热回收项目落地实施。

2. "零碳"数字农业示范区建设

配合国网德州供电公司、南瑞公司对水发农业产业园、六和饲料等重点农业企业安装能耗、环境监测元件，与政府乡村振兴服务中心对接庆云县数字化农业云平台数据资源共享建设。

3. 打造"绿电供需"监测平台

利用当前已接入的分布式光伏电站数据，完成可开放容量发布表，推动政府出台新能源发展指导意见，尽快实现指导分布式光伏布局条件，保障光伏建设有序开发。光伏示范区、农业产业园、充电示范区以及电力系统示范区建设见图2-27。

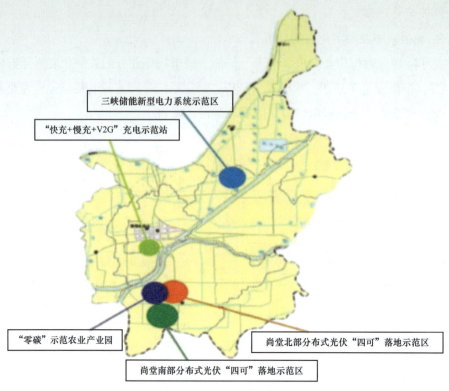

图2-27 光伏示范区、农业产业园、充电示范区以及电力系统示范区建设

4. 推动新型电力系统调度运行模式

提供庆云绿电出力及网供负荷运行数据，按照每5min为数据节点，提供全年数据支撑。

5. 建成多元协同管控系统

县域内2座10kV分布式光伏电站（月儿维特、月儿同创光伏电站）数据接入D5000系统，1座（春晓孚得光伏电站）接入配电自动化系统。10kV分布式光伏电站见图2-28。

图2-28 10kV分布式光伏电站

132

6. 建成"绿电监测管控"平台

与国网德州供电公司互联网部共同搭建"绿电监测管控"平台（见图2-29），优化庆云境内通信光伏环网，消除通信站点孤岛，保障灵活、可靠、高效的通信网络支撑。

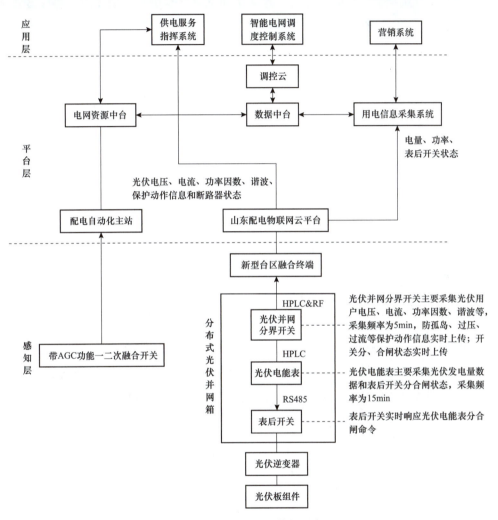

图2-29 绿电监测管控平台

三 典型经验

（一）加强组织领导

要充分认识低压用户供电可靠性管理对推动电力供应高质量发展的重要性，实施工作由运检部总体牵头统筹推进，切实加强组织领导，建立各级工作组织机构，科学制定工作计划，明确任务，落实责任，确保各项工作扎实推进并达到预期效果。

（二）强化过程管控

明确各项任务牵头与配合部门，建立协同联动工作机制，创新沟通协作方式，促进跨专业、跨部门统筹协调，组织各部门按里程碑节点推进各项工作实施。

（1）加强重点工作进度跟踪与质量管控，定期召开工作推进例会，建立工作报告制度。

（2）组织各部门定期总结工作进展情况、存在问题、工作经验、建议意见及下阶段推进措施，及时开展工作质量分析，确保总体实施进度满足要求。

（三）落实保障措施

定期对各项工作进行督导检查，重点突出各环节进度与质量，结合工作进展会同各相关部门积极开展工作质量的检查与分析，细化督查工作细则，及时研究解决工作中的共性难题，定期评估工作成效。指导各部门选配精干人员，负责低压用户供电可靠性管理工作，做好人员保障。

（四）取得成绩

2022年1—10月跳闸数量30条次（重合成功23条次，重合失败7条次）；2019年全年跳闸数量42条次（重合成功25条次，重合失败7条次），同比下降28.57%。2022年实现故障抢修工单压降45%、运检类零投诉、低电压超48h用户减少90%、三次重停用户清零等各项突破。

案例8

居配工程全过程管控，提高供电可靠性
——国网德州供电公司建设提升典型经验

简介

　　本案例主要针对新建居配小区从物资抽检、工程验收、停电计划管控等方面进行工程质量全过程管控，保障电力工程零缺陷送电，避免设备带病入网、送电缺陷问题发生。本案例适用于城镇新建小区电力工程全过程管控，老旧小区改造电力工程参考。

一　工作背景

　　国网德州供电公司开发客户服务分中心新建居配小区较多，大量新建小区由外部单位施工，由于建设单位的逐利性，存在施工工艺、质量不达标及部分物资质量问题，新建居配小区故障停电事件时有发生，严重影响供电可靠性的提升工作。

二　主要做法

　　为提高新建居配小区供电可靠性，从物资抽检、工程验收、停电计划管控等3个方面进行全过程管控，确保人身安全和电网安全运行。

　　（一）加强居配工程物资抽检，从源头上管住设备质量，避免设备带病入网

1. 抽检过程痕迹化

　　每次物资抽样，运检、营销、物资三方均要出人，抽检现场要集体拍照留证，抽样封样要全程录像，封样标签要拍清楚，封样完毕由物资部组织送检测中心开展检测。

2. 物资抽检全覆盖

线缆类抽检型号要全覆盖，高低压电缆均要抽检，从现场电缆沟及桥架上随机抽取；设备类抽检要全品类，每种类型每个厂家至少抽一台；检测中心对变压器除开展常规检测项目外，还要同步开展以铝带铜检测，凡发现铝带铜的厂家，全市通报并列入黑名单，终生禁入。

（二）组建居配工程验收柔性团队，营配融合提升居配验收质量

开发中心利用营配合一优势，组建居配工程验收柔性团队，由运检班、二次班、低压客户服务班、计量班、业扩班等相关班组人员组成，严格对照工艺技术标准和各类参数，围绕工程设计和合同约定的各项内容，逐项做好设备设施、周边环境、电力通道、试验报告、文件资料等标准化验收，重点加强隐蔽施工部位、关键工序流程等方面的质量审核，做到精益、精细、精致。

（三）严格停电计划管理，把好居配工程送电最后一关

现场缺陷均已消除，所有相关班组均已签字确认无设备缺陷时，方可提报居配工程送电计划。缺陷未整改完坚决不送电，坚决杜绝先送电后改造情况发生。同时确保竣工图纸、试验报告、资产移交清册等资料齐全。

三　工作成效

（一）带病入网设备明显降低

2022年居配工程12个，通过物资抽检发现不达标居配工程2个，不合格率达到16%，设备质量问题得到及时发现并整改，供电可靠性得到较大提升。

（二）居配小区工程质量明显提升

2022年居配工程12个，通过居配工程回头看专项活动，发现一般缺陷6个，同比降低50%，居配小区工程质量明显提升。

供电可靠性管理典型案例

推进整县光伏建设 提升供电可靠性
——国网德州齐河县供电公司配网建设提升典型经验

案例9

简介

　　本案例主要介绍了整县分布式光伏用户在解决线路重过载、线路主干与分支连接点（简称T接点）集中管理方面的典型实践，有效避免了低压分布式光伏管理层级复杂、台区重过载及接入受限等情况发生。实现"源网荷储"实时监测、新能源稳定输出功率（简称出力）与实时消纳、分布式光伏可观可测可控可调等。考虑居民光伏接入需求，以及后期政策发展趋势，应用集中并网方式同步解决国网德州齐河县供电公司产权10kV线路设备承载力与居民需求之间的矛盾。本案例适用于城镇、农村地区光照充足、安装区域面积较大、用户需求占比大的党政机关、工商业厂房、公共建筑及农村居民屋顶。

　　齐河县位于鲁西北、德州市境内黄河下游北岸，西南邻东阿、茌平、高唐县，西北与禹城市接壤，北接临邑县，东与济南市毗连。全县辖13个乡镇，2个街道办事处，1个省级经济开发区和1个省级旅游度假区，1014个行政村，总面积1411km²，其中耕地面积839.4km²。

一 资源禀赋情况

　　齐河县基本气候特点是季风影响显著，四季分明、冷热干湿界限明显，春季干旱多风回暖快，夏季炎热多雨，秋季凉爽多晴天，冬季寒冷少雪多干燥，具有显著的大陆性气候特征。年平均气温13.5℃，气候适宜，无霜期217天，光照充足，日照2678.9h，县域多年平均太阳辐射量达5673MJ/m²，根据《太阳能资源评估方法》（GB/T 37526—2019）中太阳能资源丰富程度的分级评估方法，该区域的太阳能资源丰富程度等级为B，即"资源很丰富"（GHR ≥ 5040），且年内太阳辐射变化趋势稳定，最佳利用时间集中，具有大规模、产业化开发太阳能资源的有利条件，年平均发电时间1250～1300h。

二　电网现状

2022年，齐河县售电量24.09MW，用户数23.0011万户，户均配电变压器容量为3.65kVA。截至2020年底，齐河县110kV及以下电网并网电厂6个，装机总容量179MW，分布式光伏装机容量169.67MW。截至2020年底，齐河县共有110kV公用变电站8座，主变压器16台，变电总容量832MVA，公用线路共计21条，线路总长301.1km，10kV出线间隔总数130个，剩余间隔37个，110kV网供负荷276.0MW，电网容载比为3.01，分布式光伏接入容量98.79MW，电厂接入容量124MW，剩余可接入容量457.96MW。

截至2022年底，齐河县共有35kV公用变电站13座，主变压器26台，变电总容量372MVA，公用线路共计39条，线路总长329.9km。10kV出线间隔总数164个，剩余间隔71个。35kV网供负荷136.5MW，电网容载比为2.72。分布式光伏接入容量85.58MW，剩余可接入容量217.92MW。10kV公用配电变压器3268台，总容量839.7MVA，公用线路共计146条，线路总长3247km。

三　政策推动

为落实"碳达峰、碳中和"战略目标任务，促进能源清洁低碳转型、加快构建以新能源为主体的新型电力系统、保障电力供应、降低用电成本，国家能源局、山东省能源局先后下发报送整县（市、区）屋顶分布式光伏开发试点方案通知，明确申报"5432"方针（党政机关建筑屋顶安装比例不低于50%、公共建筑屋顶安装比例不低于40%、工商业厂房屋顶安装比例不低于30%、农村居民屋顶安装比例不低于20%）。省发改委、能源局、财政厅、能监办4部门联合发布关于促进全省可再生能源高质量发展的意见，指出要统筹可再生能源和乡村振兴融合发展，开展规模化开发试点。整县分布式光伏规模化开发条件日趋成熟、政策日益完善。构建政府牵头、电网搭台、国企主导、民企承办的分布式光伏规模化开发业务高效合作体系，推进乡村振兴战略和美丽乡村建设。

四　政策落实

（一）现场评估

按照现场勘踏相关资料，分布式光伏开发容量数据分别是晏城街道（49村，可开发48MW）、晏北街道（61村，可开发145MW）、华店镇（76村，可开发161MW）、赵官镇（55村，可开发76MW）、胡官屯镇（73村，可开发164MW）、祝阿镇（61村，可开发106MW）和表白寺镇（55村，可开发57MW）、大黄乡（可开发106MW）、安头乡（可开发94MW）、宣章屯镇（可开发91MW）、刘桥镇（可开发138MW）、焦庙镇（可开发180MW）、潘店镇（可开发185MW）、仁里集镇（可开发189MW）和马集镇（可开发117MW）。预估全县分布式光伏开发容量开发潜力为1863MW，其中，党政机关建筑、公共建筑可开发容量为71.57MW，工商业厂房可开发容量为70.19MW，农村居民屋顶可开发容量为1721.24MW。

（二）初期建设

2021年9月齐河县整县分布式光伏规模化开发正式启动，计划2024年全部完成后，可完成装机容量1000MW，年发电量10亿kWh以上，分布式光伏发电量占新能源发电量的比例超过75%，占总能源消费比例超过20%。对公共及工商业屋顶采取"自发自用，余电上网"模式，对居民屋顶采取"全额上网"模式。近来随着齐河分布式光伏装机不断提升、快速发展，分布式光伏大量并网已经开始对大电网的安全运行、电网的运行组织及配网管理造成了显著影响。

为贯彻落实"实现源网荷储全要素可观、可测、可控"工作部署，响应《国家电网有限公司关于印发支持服务整县屋顶分布式光伏开发重点任务的通知》（国家电网办〔2021〕565号）等政策文件要求，本方案针对齐河整县屋顶光伏规模化开发建设工作，确立采用"台区智能融合终端＋光伏并网断路器""台区智能融合终端＋光伏逆变器"方式，构建新型配网网架结构，探索出全面可控的源网荷储科学调控运行模式，实现"源网荷储"实时监测，实现新能源稳定出力与实时消纳，实现分布式光伏可观、可测、可控、可调，提升分布式光伏安全消纳、平衡调节和安全承载能力，全面提升有源配网的安全性、经济性和可靠性。

（三）前期建设范围

齐河县潘店镇朱庄村1600kW分布式光伏，新上S13-400kVA变压器4座，经10kV潘北线朱庄支线并网（见图2-30）。

图2-30　齐河县潘店镇朱庄村1600kW分布式光伏改造图

　　齐河县潘店镇朱傅张社区，预计装机容量2.43MW。新上S13-400kVA变压器6座，经10kV甄北线并网（见图2-31）。

图2-31　齐河县潘店镇朱傅张社区线路改造图

　　齐河县党校，预计装机容量138kW，党校1号楼为一个并网点，党校2—5号楼为一个并网点，同时配建一定数量充电桩、储能装置等。

五　建设方案

（一）分布式光伏可以观测

　　通过台区智能融合终端，实现分布式光伏并网表计、光伏采集终端、用户负荷计量表计、并网断路器以及逆变器分钟级数据采集及上报，为低压台区基于高频数据分析和应用的高级应用做数据支撑，实现台区智能融合终端（见图2-32）、智能电能表、智能断路器、防（反）孤岛装置、数据采集器、光伏逆变器等设备的运行状态在线观测。

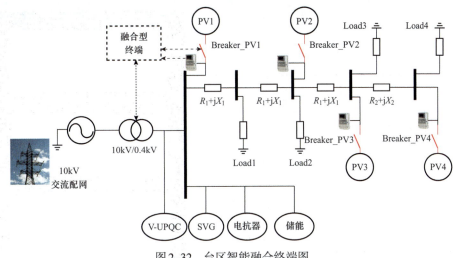

图2-32　台区智能融合终端图

（二）分布式光伏可以测量

完成分布式光伏高频采集全覆盖，实现全部分布式光伏用户分钟级负荷数据全采集（见图2-33），实现低压分布式光伏发电功率预测、负荷预测等。

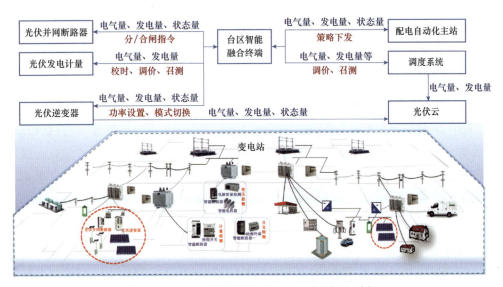

图2-33　分布式光伏用户分钟级负荷数据全采集

1. 光伏功率预测

分布式光伏AI（人工智能）监控平台采集分布式电源电气量数据，结合数值天气预报，实现低压分布式光伏小时级、日级尺度光伏发电出力预测（见图2-34），将预测结果上传主站展示，并应用于台区设备的规划与协控。

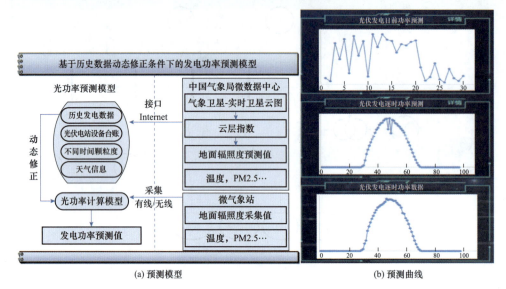

(a) 预测模型　　　　　　　　　　(b) 预测曲线

图2-34　光伏功率预测图

通过数值天气预报系统获取气象数据，与台区智能终端对台区分布式发电数据的采集，实现台区分布式光伏的短期预测与日前预测。本方案针对分布式光伏由于其分布的分散性、由于无人运维导致的组件出力不稳定等问题，自主研发了"基于历史数据自学习的预测算法"，在考虑分布式光伏的增加、减少、异常的情况下进行预测，并利用迁移学习技术实现出力预测的在线训练，使算法具有优秀的泛化能力。

2. 负荷预测与台区可开放容量计算

（1）负荷预测（见图2-35）。台区智能融合终端采集电气量数据与台区历史运行数据，本方案基于长短期记忆人工神经网络，多时间尺度融合算法，建立台区负荷预测模型，实现台区负荷多时间尺度的曲线预测，并结合光伏预测算法，实现台区与主网交互的净负荷的精准预测，将预测结果通过台区智能融合终端上传主站展示。

通过历史数据，对长短期记忆递归神经网络（LSTM）模型参数进行预训练（见图2-36），并将参数下发应用于台区模型；应用强化学习算法，采用现场的小样本进行在线训练，根据预测结果对负荷预测的模型参数进行在线更新；对于负荷

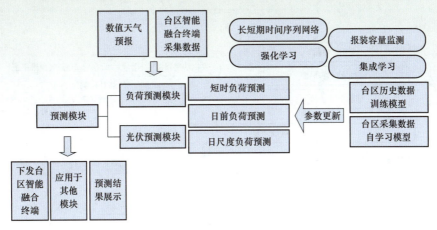

图2-35　负荷预测流程

变化较大的台区，有效提高负荷预测的准确度。基于台区智能融合终端高频采集数据，以及数值天气预报，预测小时级的未来日前负荷变化情况，用于安排每日或每周的发电和调度计划，计算台区可开放容量。

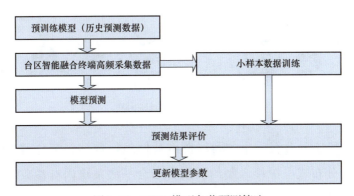

图2-36　LSTM模型负荷预测算法

（2）台区可开放容量计算（见图2-37）。在边缘侧依托台区智能融合终端部署可开放容量分析APP，将数据及边缘计算结果上送给主站。在云侧基于状态全息感知，采集台区侧实时负荷、光伏并网点出力的数据，提供负荷实时预测服务，预测未来短期及超短期分布式光伏出力及台区负荷曲线；基于台区负荷统计和光伏发电功率预测，提供台区承载力评估、可开放容量计算、信息全景展示等服务。通过配电台区的安全运行负荷阈值统计，解决因大规模分布式光伏场站接入引起的低压配网功率倒送、线路重载等影响配网安全稳定运行的问题，同时为分布式能源的消纳设计提供参考依据。

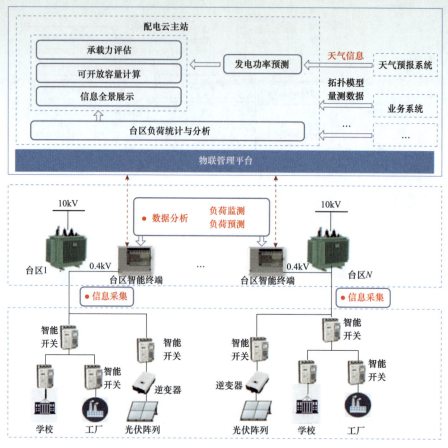

图 2-37　开放容量计算

基于台区智能融合终端采集台区源网荷储运行数据，结合台区负荷预测功能，精准识别分布式电源接入制约因素；结合一次系统固有参数、台区负荷统计和光伏发电功率预测。本方案设计一种基于台区历史负荷数据进行可开放容量的预测和实时监测的算法模型，根据台区内历史户负荷数据利用机器学习、LSTM、聚合分类等算法，构建相应的数学模型，实现台区容量的动态规划和预测（见图 2-38）。

（三）分布式光伏可控

1. 台区光伏刚性控制

台区智能融合终端通过 HPLC 向光伏并网断路器的发送远程开合闸控制指令，实现对分布式光伏的刚性控制（见图 2-39），并能够通过设定整定值，当分布式光伏发电系统电能质量不满足并网条件时，光伏并网断路器跳闸；当恢复并网条件时，光伏并网断路器合闸。

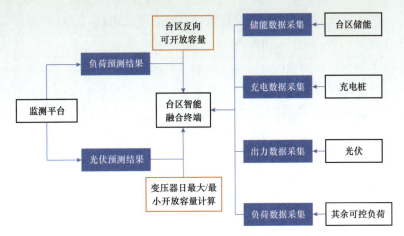

图2-38 开放容量计算过程

刚性控制决定因素主要来自光伏控制策略及调度指令。当光伏并网电能质量达到预设条件（如电压闪变频繁、出力极其不稳等情况），已无法通过柔性控制解决，融合终端可控制并网断路器分闸，主站系统提醒此用户因电能质量问题分闸，告知用户进行问题排查后，进行本地合闸或主站远程合闸，并继续监测电能质量。当调度系统根据电网运行状态，发出完全离网指令后，并网断路器分闸，等待调度指令后合闸。

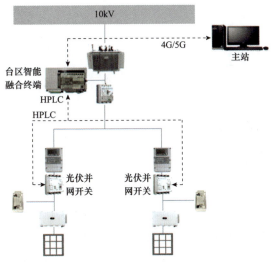

图2-39 台区光伏刚性控制

2. 台区孤岛保护与自动合闸

针对分布式电源接入的配电线路，安装防孤岛装置，确保上级线路侧失电的情况下，防孤岛装置能可靠判断并向光伏并网断路器下达分闸指令并给配电物联网云主站上传防孤岛装置变位信号、事件信号以及事故总信号，由调度控制系统通知供

145

服系统，由供服系统下发工单给线路运维班组核查事故信息。

防孤岛保护装置适用于10kV及380V光伏并网系统，安装于光伏并网断路器中，当光伏本侧或者电网侧任何一侧失电时，防孤岛保护装置迅速向并网断路器发出命令控制其跳闸，使本站与电网侧快速脱离，保护电站和相关维护人员的生命安全。当满足并网条件时，断路器自动合闸。通过检测逆变器输出端即公共点电压的幅值、频率、相位和谐波含量等来探测系统是否处于孤岛状态，主要包括过/欠电压保护、过/欠频保护、相位突变检测、谐波检测等。

当判断电压幅值100ms内摆动超过20V或摆动超出[187V，242V]，电压频率100ms内摆动范围超过0.2Hz或摆动超出[49.5Hz，50.2Hz]，判定孤岛。

当电压与频率恢复时，光伏并网断路器自动合闸，主站记录孤岛控制和自动合闸记录（见图2-40）。

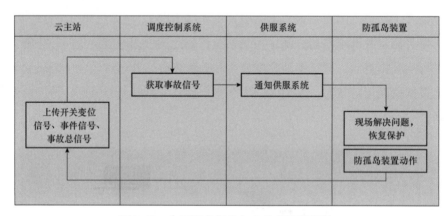

图2-40 台区孤岛保护与自动合闸逻辑图

（四）分布式光伏可调

主站利用光伏监测终端或光伏并网断路器，控制逆变器的有功功率、无功功率、功率因数、电压等输出大小，并通过光伏监控终端或光伏并网断路器监测调控结果是否完成。本方案构建多层级的屋顶光伏有功功率控制系统。各层级系统应能独立实现本层级有功、无功功率等指标目标化控制，做到与上下级、同层级的优化协调，保证屋顶光伏有功功率的平稳输出。光伏柔性控制图见图2-41。

本方案设计一种自适应的光伏柔性控制策略，通过限制光伏的有功出力，抑制电压不超过235V或者不低于198V（简称电压越限）。

并网点的有功功率较低时，以维持并网点电压额定值为目标，调节逆变器输出无功；当逆变器注入并网点有功功率增加，逆变器无功容量无法维持并网点电压时，则以保证并网点电压不越限为目标，调节逆变器输出无功；当逆变器有功进一

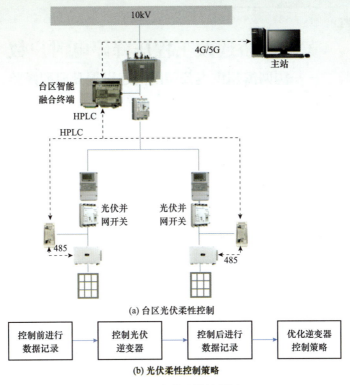

(a) 台区光伏柔性控制

```
┌──────────┐    ┌──────────┐    ┌──────────┐    ┌──────────┐
│ 控制前进行 │ →  │ 控制光伏  │ →  │ 控制后进行 │ →  │ 优化逆变器 │
│ 数据记录   │    │ 逆变器    │    │ 数据记录   │    │ 控制策略   │
└──────────┘    └──────────┘    └──────────┘    └──────────┘
```

(b) 光伏柔性控制策略

图 2-41　光伏柔性控制图

步提高，调节无功已不能保证并网点电压不越限时，将逆变器有功输出降低，多余能量由储能装置储存；当光伏的有功出力骤降时，可通过预估骤降前的电压，设定骤降后的逆变器有功无功参考，使并网点电压抬升。通过以上措施，可抑制光伏接入低压配网的电压波动，改善配网电能质量，给出不同情况下逆变器功率参考值的计算方法。

当出现光伏越限情况时，获取控制信息表，确定控制策略，并做出控制之后对待优化光伏的预期。记录控制前后光伏电气量，分析受控光伏对非受控光伏的影响，记录控制信息表，对控制策略进行优化。

六　成效分析

经过 2020—2025 年期间的建设改造，通过采用提高线路绝缘化水平、缩短线路供电半径等技术措施，同时加大对运行年限过长线路的改造力度，齐河城区中压配网供电能力将得到大幅提升。

2023 年 6 月，国网德州齐河县供电公司供电可靠性完成值 99.9781%，同比 2022 年提升 0.0385%，用户年平均停电时间为 1.6566 时/户，同比 2022 年降低 2.9052 时/户。

黄河四桥迁改工程压降停电时户数
——国网滨州供电公司配网建设提升典型经验

简介

　　国网滨州供电公司在大型配电线路迁改工作前期，采用带电作业依次开展配网线路联络改造、分段断路器加装、线路卡脖子治理工作，大幅优化了涉及线路的网架结构，并在停电检修过程中，使用"微网"发电为支线用户供电。国网滨州供电公司组织城区供电中心、带电作业中心、配电工程三个单位配合开展的"带电＋发电＋零点"作业方式，在确保市政重点工程顺利实施的基础上，极大减少了迁改工作影响时户数。本案例适用于架空线路占比高、支线路较多的城市。

一　基本情况

　　滨州黄河大桥项目起于滨州市渤海十一路与长江二路交叉口，向南上跨南外环过黄河，经高新区与高青赵班路连接。10kV新湖甲线、10kV新湖乙线17号杆至末端妨碍四桥施工，为配合市政工程顺利推进，配电工程公司承接电力线路迁改工程。通过对需要停电的110kV市西站10kV长三甲线、10kV长三乙线、10kV盛华东线、10kV盛华西线、10kV新湖甲线、10kV新湖乙线6回线路现场勘察后，初步拟定施工方案，以现有的运行方式，停电施工时间10h，将影响时户数2100时户，见图2-42。

二　方案优化

　　运检部、城区供电中心、带电作业中心、配电工程公司多次召开停电方案研讨会，以最大限度压降停电时户数为目标，对停电施工方案进行不断优化。

供电可靠性管理典型案例

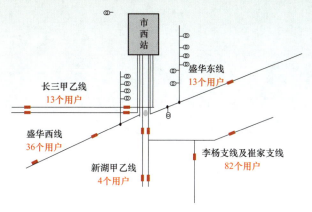

图2-42 黄河四桥初步停电方案影响用户范围

（一）推进配网基建项目，实现负荷联络转供

根据黄河四桥停电时间2020年8月29日的限期要求，8月15日前，完成110kV市南站10kV长五甲线、10kV长五乙线48号杆与110kV市西站10kV盛华西线44号杆联络新建工程，采取带电作业方式，实现了由110kV市南站10kV长五甲线转带10kV盛华西线负荷80个用户，减少影响时户数570时户，盛华西线用户转供方案见图2-43。

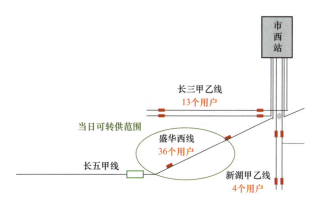

图2-43 盛华西线用户转供方案

8月初，完成110kV东郊站10kV黄二甲线郭五支线与10kV李杨支线联络新建工程，采取带电作业方式，实现由110kV东郊站转带10kV新湖乙线李杨支线。8月27日对10kV黄二甲线郭五支线21—29号杆"卡脖子"段线路进行绝缘化改造，满足负荷转供条件。在10kV新湖乙线停电期间82个用户完成负荷转供，减少影响时户数750时户，李杨支线用户转供方案见图2-44。

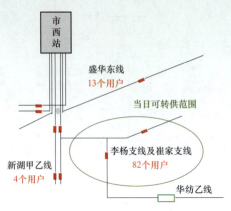

图2-44　李杨支线用户转供方案

（二）加装分段断路器，缩小停电范围

在10kV长三甲线、10kV长三乙线25号杆采用带电作业方式加装一组分段断路器，位于原11号断路器与12号断路器之间。缩小长三甲乙线停电范围，减少停电用户13个，减少停电时户数130时户，长三甲、乙线用户转供方案见图2-45。

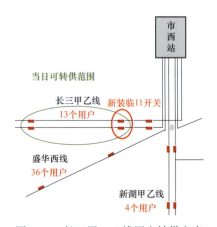

图2-45　长三甲、乙线用户转供方案

（三）"微网"发电作业，进一步压降停电时户数

国网滨州供电公司带电作业中心在停电区段勘察现场情况后，制定了陈家支线、张蒋支线、泰丰纺织厂三处中压发电作业方案，根据负荷情况，积极向省公司汇报申请跨地市调用国网潍坊供电公司大功率中压发电车，共投入3台中压发电车开展发电作业，减少停电用户20个，减少停电时户数200时户，盛华东线用户中压供电方案见图2-46。

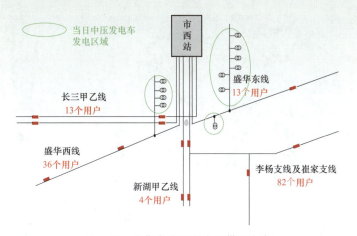

图2-46 盛华东线用户中压供电方案

三 优化方案落实

国网滨州供电公司城区供电中心二次专业组织对项目涉及的10台断路器、4台环网柜完成联调，具备现场安装条件，二次专业调试断路器见图2-47。

图2-47 二次专业调试断路器

10kV长五甲线、10kV长五乙线延伸工程竣工验收后，带电作业中心通过带电作业方式完成了与10kV盛华西线联络新建，盛华西线带电作业联络工作见图2-48。

图2-48　盛华西线带电作业联络工作

　　带电作业中心10kV长三甲线、10kV长三乙线带电加装11号断路器，缩小停电范围，长三甲、乙线带电作业加装断路器工作见图2-49。

图2-49　长三甲、乙线带电作业加装断路器工作

　　国网滨州供电公司滨城区供电公司组织10kV华纺乙线郭五支线绝缘化改造，完成与李杨支线联络新建，华纺乙线郭五支线绝缘化改造工作见图2-50。

　　国网滨州供电公司出动2台1000kW中压发电车、4台绝缘斗臂车，并向省公司申请跨地市调用国网潍坊供电公司1台1800kW中压发电车。发电车提前一天就位，通过机组预启动完成调试与故障消除。融合发电技术与配网不停电作业技术，组建10kV"微网"独立为用户提供供电服务，有力保障客户用电稳定，中压发电车为用户微网发电见图2-51。

图2-50   10kV华纺乙线郭五支线绝缘化改造工作

图2-51   中压发电车为用户微网发电

四　工作成效

　　根据上述方案，8月29日至8月30日黄河四桥迁改停电工期为两个工作日，影响停电时户数190时户，通过优化停电施工方案、开展"带电+发电+零点"作业，共减少影响时户数1650时户，停电时户数压降78.6%，大大提升了供电可靠性，既保证了市政工程按期推进，又实现了滨州东南区域客户正常生活生产用电。

东营区王岗线综合改造
——国网东营供电公司配网建设提升典型经验

简介

　　本案例主要介绍了解决配电线路频繁停电问题中的典型实践，在网架结构优化、线路自动化改造、绝缘化治理等方面成效显著，线路及台区隐患一次性消除，同步考虑周边电网发展需求，应用系统思维综合提升线路供电可靠性。本案例适用于配电线路频繁停电综合治理。

一　工作背景

　　10kV王岗线（见图2-52）出自35kV六户站，全长37.8km，主干线长16.75km，支线长21.05km，主线21、122、125、158、200、208、284号杆有7个分段断路器，支线断路器为盐场支线1号断路器、武王支线1号断路器、武王支线2号联络断路

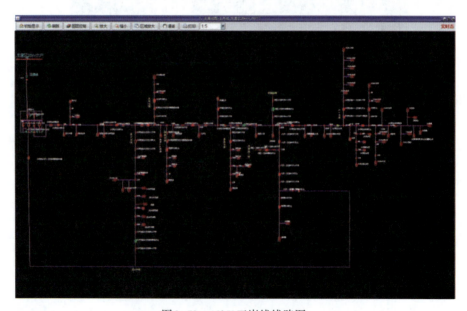

图2-52　10kV王岗线线路图

器、邱家支线1号断路器、王40号支线1号断路器、河122号支线1号断路器、镇中学支线1号断路器、六充Ⅰ支线167号断路器，共计13台断路器。共计接带20台公用变压器、65个高压用户。下游用户多为油井支线，建设年限长，建设标准低，裸铝导线；盐场支线位于336号杆之后，裸铝导线，处于荒野之中，雨雪暴风天气故障频发。2021年累计停电25次，时户数807时户。

其线路下的王岗南台区，变压器容量315kVA，接带户数187户，由10kV王岗线275号杆接带的王岗村支线接带。2021年累计停电15次，累计停电时间38.58h。

2021年间，10kV王岗线未发生站内动作，发生多起区段跳闸，这是由于王岗线盐场支线（客户资产）在恶劣天气情况发生线路故障引发的现状，具体跳闸原因主要分3类：

（1）六充Ⅰ支线167号断路器跳闸。122-2号支线20—21号杆间导线因暴雪天气AC相（裸铝导线）相互触碰短路；恶劣天气王岗线T接某用户变压器故障；盐场支线（客户产权）一分厂支线3—4号杆间导线因恶劣天气瞬时强风导致断线；盐场支线一分厂支线17—18号杆间导线档距过大，导线松弛，强风导致AC相触碰；恶劣天气盐场支线三分厂支线14号杆断线。

（2）田庄Ⅰ线98号联络断路器跳闸。盐场支线四分厂支线（裸铝导线）20、35号杆鸟窝因恶劣天气异物搭接；盐场支线三分厂支线1号隔离开关恶劣天气异物搭接；王岗线六充Ⅰ支线恶劣天气167号杆隔离开关BC相异物。

（3）其他。39号杆因落雷导致21号断路器跳闸；田庄Ⅱ线94号隔离开关C相设备线夹烧毁，45号断路器跳闸。

暴露出的问题有：

（1）配电自动化改造进度缓慢，受制于自动化终端到货情况，导致王岗线主线及全部支线断路器均为非自动化断路器，无法科学合理设定保护定值，用户侧出现故障导致区段跳闸。

（2）盐场支线用户产权线路隐患督促整改不到位，日常巡视维护不够细致，设备隐患管控不到位。

（3）部分支线仍为裸铝导线，鸟害严重。

二　主要做法

（一）安装更换自动化断路器

编制上报一线一案配电自动化改造方案，根据线路运行情况，合理确定自动化设备安装位置。针对王岗线多次区段跳闸故障主要原因是336号杆接带的盐场支线线路故障，更换盐场支线1号断路器、更换王岗线284号断路器，在334号杆加装智能断路器1台，更换六充Ⅰ支线167号断路器，4台断路器于2021年4月26日前更换完成。并协调不停电作业调整王岗线六充Ⅰ支线167号断路器（老旧断路器）保护定值，确保盐场支线发生线路故障时，能够及时隔离，保障主线保持安全稳定运行。

全面勘查王岗线配电设备运行情况，利用春检停电检修，更换王岗线21号断路器、125号断路器、208号断路器，王岗线六充Ⅰ支线33号杆加装断路器1台，更换武王支线1号断路器、武王支线2号联络断路器、邱家支线1号断路器、王40号支线1号断路器、河122号支线1号断路器、六充Ⅰ支线137号断路器，累计更换安装断路器9台，完成时间为2021年5月21日。在王岗线141号杆、83号杆不停电作业加装自动化断路器2台，合理调整保护定值，完成时间2021年9月18日。

王岗线主线19、124、125、167号，六冲Ⅰ线169、221、301号，盐场1号，以及武王支线1号断路器通过改造调试后，成为自动化设备，能够实现发生故障时上传正确的故障信息。王岗线共计安装或更换11台自动化设备，并科学调整了断路器保护定值。王岗线改造图见图2-53。

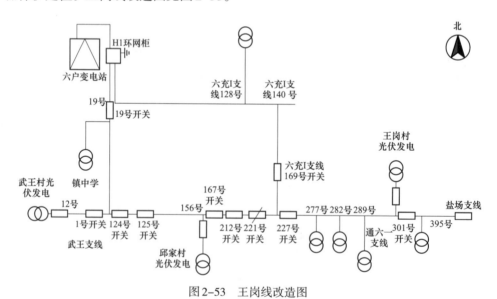

图2-53　王岗线改造图

（二）合理调整运行方式

申请带电作业调整王岗线284号断路器定值、盐场支线1号断路器定值，于2021年3月9日调整完成，因两个断路器均为老式断路器，定值调整为200A。

王岗线因2021年5月21日春季计划检修后，王岗线负荷由自身供电，王岗线主线336号杆部分走径位于雷区范围，立刻安排对防雷设施和接地装置进行全面排查，更换锈蚀严重接地线。结合线路运行现状，根据负荷运行情况，调整运行方式如下：主线接带站内至122号断路器间负荷，田庄Ⅱ线接带122号断路器至208号断路器间负荷，包括武王支线、邱家支线、田庄支线等，田庄Ⅰ线接带六充Ⅰ支线全线以及王岗线208号断路器以下全部负荷。

利用秋检停电检修，更换与王岗线拉手线路田庄Ⅰ线、田庄Ⅱ线分段断路器和联络断路器4台，分别为田庄Ⅰ线98号联络断路器、田庄Ⅰ线41号断路器、田庄Ⅱ线149号联络断路器、45号断路器，上述断路器虽然为自动化设备，但控制器存在问题，在交流失电后中断离线，没有自愈能力，因此更换加强，确保有故障及时隔离，并恢复非故障区域供电，完成时间为2021年10月28日。

（三）隐患及时消缺治理

根据前期摸排的用户分界断路器运行情况，在盐场二分厂支线、三分厂支线、一分厂支线、四分厂支线1号杆处加装跌落式熔断器4组，并于4月28日前更换完成，确保故障能够隔离。

加强王岗线配电设备运维管理，健全设备运维档案，全面掌握设备运行状态，开展带电监测和红外测温，有隐患及时处理，做到超前发现、限时整改。加大巡视力度，做到每日一巡、鸟窝不过夜，及时清理鸟窝，累计清理鸟窝327个，并加装驱鸟器107组。根据导线间距，加装间隔棒，抑制导线舞动。

2021年7月09日，紧急联系不停电作业处理，加强线路红外测温和夜巡，及时消除隐患。

（四）提报绝缘化处理项目

全面梳理王岗线裸铝支线运行状况，上报大修技改项目，提报10kV王岗线盐场支线、中学支线、王24-53井支线、王24-45井支线、24-35井支线、王27-1井支线、牛301井支线等12条支线绝缘化处理项目，总金额195.08万元，目前已经得省公司批复，预计2022年完成。

紧急安排大修技改项目应急项目包，处理王岗线六充Ⅰ支线162—185号杆间导线与走廊内树木距离较近问题，向东迁移163—185号杆，并更换为15m电杆，更换167号断路器，该段线路改造于5月7日前完成，并投入使用。

（五）台区用户治理

摸排王岗南台区设备情况，计划对王岗南台区老旧表箱、表箱引线、下户线进行更换。

加强用户侧设备的巡视力度，对辖区内用户侧设备隐患进行分类，按照隐患的轻重缓急，下达安全隐患整改通知书，督促用户及时排除隐患、故障，确保主线运行平稳。

详细梳理线路T接高压用户设备情况，申请在用户产权分界点处加装分段分界断路器或者跌落式熔断器，保证用户侧设备发生故障时能及时隔离故障，避免全线停电，计划申请安装分界断路器215个、跌落式熔断器298组。其中，王岗线分界断路器15个、跌落式熔断器39组。

三　工作成效

实践证明，自上述所有措施完成后，2022年累计停电12次，同比减少13次；时户数为538.143时户，同比下降33.32%。其中王岗南台区，2022年累计停电3次，同比减少12次；累计停电时间5.891h，同比减少84.73%。盐场支线跳闸仅2次，六充1支线跳闸仅1次，治理改造效果显著。王岗线及王岗南台区停电情况对比见图2-54。

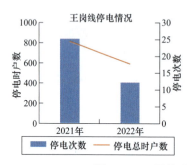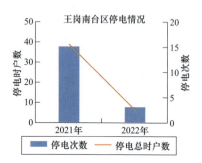

图2-54　王岗线及王岗南台区停电情况对比

由于王岗线线路老旧、接带用户多，停电较其他线路仍旧偏多，后续将针对不同停电原因继续治理改造，调整运行方式，减少停电次数。

第三章

故障管控

联合媒体，共筑电力设施防护网
——国网青岛供电公司线路防外破典型经验

简介

　　本案例介绍了在输配电线路防外破方面与媒体联合，聚焦电力线路保护区、高压线下种树、违法违规施工等问题，开展电力设施保护宣传，邀请各行各业人员，对社会全员普及电力设施保护知识，取得了良好的效果。

一　工作背景

　　近年来，随着社会经济快速发展，城市建筑、公用设施更新换代频繁，尤其是青岛市提出城市更新和城市建设三年攻坚行动，市政、迁改等工程呈现井喷式增长，施工挖断电缆、大型车辆撞杆等现象屡禁不止，绿化种植树木碰线引起跳闸事件时有发生，电力线路防护面临严峻挑战。

二　思路和做法

（一）总体思路

　　国网青岛供电公司贯彻落实"安全第一，预防为主，综合治理"安全工作方针，加强电力设施和电能保护管理，深化政企协同联动，与各级发改部门建立联络机制，常态化开展联合治理行动。聚焦外力破坏防护痛点，结合用电检查、"四进"大走访活动，深入开展电力设施保护宣传；联合外部新闻媒体，上线电力设施防护科普节目，提高全员电力设施保护意识，打造安全生产"新高地"。

（二）典型做法

　　2021年9月，国网青岛供电公司做客青岛电视台"有话大声说"栏目，聚焦电力线路保护区、高压线下种树、违法违规施工等问题进行座谈交流，分享事故案例、讲解电力政策，呼吁社会加强对线路防护的关注。节目组还邀请了青岛市人大代表、发改委专家、大学教授、专业律师、施工代表、居民代表等嘉宾参加交流。

"有话大声说"是青岛电视台全力打造的一档时事辩论类谈话节目，通过主持人和嘉宾、当事人以及现场观众的互动与辩论，对当今社会上有关注度高的事件和话题进行激烈的观点碰撞与交锋，在交锋中共同认识事件真相和全貌，呼吁引起社会高度关注，为群众、企业以及政府部门搭建面对面听取意见、解决问题的平台。

节目中，国网青岛供电公司深刻阐述了当前面临的"外力跳闸"以及"树线矛盾"对电网可靠供电带来的危害，并就线路保护区的概念及各电压等级线路保护区范围进行了介绍。同时，通过众多线路保护区内因外力跳闸案例的展示，详细讲解了线路保护区内施工应履行的手续和采取的措施；对高压线下钓鱼、线杆拉线保护、线路"滋滋"响声等社会广泛关注、不解的问题进行了逐一说明及解答。节目各方嘉宾对电力设施保护提出了共同呼吁，希望社会各方加强协同配合，构建全民参与局面，对电力设施问题防患于未然。

三 成效与展望

本次节目将电力设施防护常识和相关法律法规以更为生动的方式向群众展现，起到了很好的普及效果，引导群众提升了电力设施防护意识，营造了良好的外部环境。国网青岛供电公司将不断致力于电力设施防护知识的普及，赢得社会公众对电网企业的理解和认同，以点带面构筑全员防护网。

案例2

多措并举"防外破"，着力提升可靠性
——国网淄博桓台县供电公司线路防外破典型经验

简介

　　本案例主要介绍了线路防外破工作中的典型实践。分析外破成因，并针对不同类型外破风险，逐一制定不同的应对措施和防范方法，形成防外破主动运维新模式。措施方法均来源于日常输配电线路防外破工作的经验总结，相关做法接地气，具有可复制性。本案例可供城镇、农村地区输配电线路防外破工作参考。

　　2022年，桓台县境内市政工程多达41项，农田大型机械较多，部分线路设备位于人口密集和交通要道，外破形势严峻，一旦发生外破事件，将严重影响国网淄博桓台县供电公司的供电可靠性。

一　外破成因分析

　　结合桓台县当地特点，易发生外破的线路有以下几类：

　　（1）田间的架空线路和农灌电缆线路，桓台县农业机械化程度高，各种大型联合收割机、喷灌设备、无人机等应用广泛，易造成与田间的架空线路撞杆、撞线等外破事件；耕地、挖沟时易造成农灌电缆线路外破事件。

　　（2）位于交通繁忙区域的架空线路，在夜间、雨雪、雾霾天气中，易引发路口的车辆撞杆事件。

　　（3）市政工程范围内电缆线路走径不掌握，现场盯防不到位，机械破地面、挖沟等作业易造成电缆线路外破事件。

二　应对措施和防范方法

　　针对以上几种不同类型的外破，采取了一系列的措施，严防外破发生。

（一）针对农田机械易发外破

（1）在农忙开始前，给农田机械驾驶员下发安全用电宣传单，提醒用户做好用电设施的保护，防外破宣传现场及安全生产月宣传见图3-1和图3-2。

（2）每年组织召开全县无人机、喷灌等操作员的安全知识大讲堂。

（3）多年连续开展拉线挂红旗活动，每年在农田拉线悬挂红旗5100多面，防范大型机械误碰事件。供电所人员现场开展拉线挂红旗工作见图3-3。

（4）成立电网先锋服务队，在农忙时节进入田间地头进行电力设施保护安全宣传和现场盯防，严防外破发生。电网先锋服务队成员开展线路巡视见图3-4。

图3-1 现场宣传

图3-2 安全生产月宣传

图3-3 拉线挂红旗

图3-4 服务队现场巡视

（二）针对沿道路线路易发外破

1. 建立健全防外破风险台账

把路口、村口、交通要道等人员密集处的102处线路列入台账，做好日常防外破风险管控。

2. 做好政企联合

国网淄博桓台县供电公司与规划局加强沟通，提前做好规划，结合市政工程对电杆位置进行改造，减少在路口、路旁的电杆；联合交通部门，在易发生碰撞的路段，安装安全提醒告示牌3处。

3. 积极推进大修项目实施，消除外破风险

对线路进加高、对杆基进行加固102基、安装防护墩81个。在交通要道、人口密集区域加装防护墩，见图3-5和图3-6。

图3-5　宋店村防护墩　　　　　　　　　图3-6　大有村防护墩

（三）针对重点区域易发外破

成立输配电线路监控中心，对交叉跨越、交通枢纽等相关区域的32处架空线路进行视频监控。发现外破风险隐患及时通知运维人员采取防护措施，进行现场紧急处理，实现"问题快速感知、人员快速调度、隐患快速处理"的防外破主动运维新模式。图3-7为输配电线路监控中心的监控室，输配电线路跨越现场监拍照片见图3-8～图3-10。

（四）针对建筑、管道施工等引发的外破

联系沟通住建局等政府单位，对供电区域内的市政建设、道路施工、管道铺设等41处工程建立台账，定人、定方案、定时间。安排熟悉线路建设、电缆敷设情

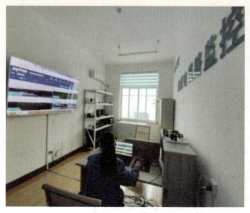

图3-7　输配电线路监控中心

图3-8　跨越主要生产道路

图3-9　城区重点线路

图3-10　多回同杆架设线路

况的人员到现场进行指导、盯防，严防此类外破事故的发生。现场人员开展外破盯防照片见图3-11~图3-14。

图3-11　架空线路盯防

图3-12　市政工程施工盯防

图 3-13　施工开挖电缆线路防护　　　　　图 3-14　线路护区施工盯防

三　取得的成效

通过一系列的举措，使得2022年的线路防外破取得了显著的成果。2022年1—12月，未发生因外破造成配电线路跳闸的事件，跳闸线路同比减少33.3%，供电可靠性由99.972%提升至99.980%，有力地保证了配网安全稳定运行。

聚焦电缆安全运行，降低外破故障发生率
——国网临沂供电公司线路防外破典型经验

简介

　　本案例主要介绍了电缆防护区内电缆外破防控典型实践，在规范电缆防护区内施工人员行为、压降电缆外破故障等方面成效显著，外破故障发生率下降明显。本案例可供机械开挖、人工开挖、顶管等各类型开挖现场外破防控工作参考，助力提升配网供电可靠性。

一　工作背景

　　电缆运检中心主要管辖临沂市核心城区 10kV 电缆线路 720 余 km，市区及县域 35kV 及以上高压电缆线路 320 余 km，市区电缆通道 360 余 km。

　　随着城市建设环境要求的不断提高，对城区内的电网建设提出了新的要求。由于电缆供电可靠性高，对周边环境影响小，近年来，电网建设中电缆的使用比例逐年增加，但是由于施工、绿化、工程改造等原因，电缆时常遭到破坏，严重影响了安全可靠供电，给正常生产生活用电带来不便。事故形式多样，随机性高，电缆防外破工作难度较大。2020—2022 年底，共发生 10kV 外破故障 67 条次，占总故障数量的 62%。

二　主要做法

　　为有效降低电缆外破故障发生率，提升可靠供电水平，国网临沂供电公司电缆运检中心总结经验教训、提炼好的做法，编制成《电缆防护区安全施工手册》，发放给施工人员，作为电缆防护区内安全施工依据，有效降低了外破故障的发生率，提升了供电可靠性。

（一）电缆防护区施工前规范行为

1. 主动咨询

施工单位施工前，应首先联系电缆运维单位，咨询施工范围内电缆埋设情况。咨询方式可通过电话联系线路专门负责人，或在管线咨询微信群内咨询。大型市政工程，应由工程主管部门召集设计单位、施工单位及管线运维单位定期召开防外破联席会、现场会，互通信息。

2. 电缆路径确认

确定施工范围后，施工负责人对接电缆运维单位，完成施工区域内所有电缆的路径确认和告知工作，运维单位应履行安全告知义务，并与施工单位签订安全告知书。大型市政工程，项目管理部门相关人员、施工负责人、电缆运维单位三方须共同到达施工现场识别电缆路径，划定电缆保护区。

3. 加装电缆路径警示标识

运维单位测量完电缆路径后，施工单位负责在电缆路径上装设明显的隔离标识、安全警示标识（如土质路面采取插彩旗的方式、硬质路面采取喷漆或刷漆的方式），并随时维护和补充，保护现场警示标识不被破坏。警示标识间距小于5m，拐角、工井、余缆等重点部位小于3m。

4. 设置电缆防护区

电缆运维单位负责用喷漆等方式，在电缆路径两侧1.5m范围内画线。施工单位应使用明显标识设置电缆防护区（如彩旗围起来或用板隔离等），防护区内严禁机械施工。施工单位随时维护和补充防护区标识，保护标识不被破坏。

（二）电缆防护区施工过程中规范行为

1. 电缆必须人工找出

城区地下管线复杂，目前使用的电缆路径仪无法在复杂环境下准确测量出电缆的埋深和走向，施工单位必须提前人工找出防护区内敷设的电缆，探明埋深和走向，施工过程须安排有经验的人在旁监护。严禁使用机械开挖查找电缆。环网柜、分接箱、终端塔等设备基础旁边应注意余缆。

2. 人工开挖严禁使用尖锐工器具

禁止使用铁镐、尖头铁锹等尖锐工器具查找电缆，应先用小型平底铁锹找出电缆并做好防护。人工查找时，应按照"挖文物"原则，安排有经验的人在旁指挥，遇有较大石块、树根或其他障碍物，须扩大开挖面，由工人人工抱出。下方情况不明时严禁使用尖锐工器具大力挖刨。对于测量显示埋深很浅的电缆，若需破碎路面，须使用小电镐破碎，严禁深度破碎。

3. 找出电缆须硬隔离防护

对于直埋敷设、没有保护穿管等裸露的电缆，须用支架架起或用钢铁护管（钢板）保护，形成"硬隔离"。施工人员用警示反光贴将电缆防护管包住，设置足够清晰的警示标识，防止裸露电缆被破坏。移动电缆时，应由有经验的人在旁监护，使用人工平移，严禁使用机械移动在运电缆。

4. 保持信息沟通

运维单位防护专门负责人负责与施工负责人电话或微信沟通，施工单位须及时、如实告知施工计划和施工进度，确保施工进度在控。施工单位进行计划外施工作业时，须将扩大的范围第一时间告知电缆运维人员，等待运维人员现场指导电缆路径，做好警示标识。严禁不沟通、不反馈计划，擅自扩大施工范围。

5. 施工单位做好安全交底

施工单位对进入现场施工的每名员工、特种作业车辆司机进行详细的电缆防护区安全确认交底和防护事项培训，并确认其知晓掌握。施工过程中施工单位须安排熟悉电缆位置的人在旁监护。严禁临时安排的、未经安全告知的作业人员进入作业现场作业。

（三）电缆防护区施工完成后规范行为

1. 电缆通道恢复

电缆防护区内施工完成后，施工单位负责对电缆通道进行恢复，并经电缆运维单位验收合格。若为电缆沟结构，须用同等材质的材料进行修复，并严格按要求做好防水；若为电缆排管结构，破坏的排管须用同等厚度、管径的排管进行熔接，并用混凝土包封，或中间采用垒沟方式处理；若为直埋敷设方式，回填时应在上、下方铺以不小于100mm厚的软土或沙层，不得有硬质杂物，上方加装混凝土盖板。回填土应分层夯实，防止发生塌陷现象。严禁将原有电缆工井或通道掩埋。

2. 完善电缆通道标识

电缆通道恢复完成后，施工单位须按要求补充足够数量的电缆路径标识（每隔5m均匀埋设），并经电缆运维单位验收合格。硬质路面可使用电缆标识牌（贴）、砖，应与地面贴敷牢固，不易脱落；绿化、草坪等软土路面可使用电缆标志石、桩，应高出地面不小于20cm。

　　国网临沂供电公司电缆运检中心深入分析近几年来外破故障发生特点，归纳、总结经验，针对性制定防护措施，编制《电缆防护区安全施工手册》，目的是规范电缆防护区内施工人员行为，降低外破发生率。截至2022年底，组织施工人员宣贯学习26次，参学人员83人次，发放手册320余份，外破故障同比下降72%，故障停电时户数同比压降43%，极大提升了供电可靠性水平。

外破故障压降
——国网临沂供电公司线路防外破典型经验

案例4

简介

本案例主要介绍了配网外破故障防控的典型实践，内部管理上明确了外破防护"十必须"标准，通过日反馈、周通报、月考核、督查制度巩固措施执行效果；外部环境上主动对接政府，汇报建设施工与电力设施保护的利害关系，联合召开防护现场会，下发防护文件，将压力传导至建设施工方，内部要求与外部支撑"手拉手"，有效地提升了外破防护能力。本案例可供城镇、农村地区外破防护工作参考。

一　现状

国网临沂供电公司河东供电中心2020年累计跳闸303条次，其中外破故障49条次，占比16.17%，除恶劣天气外故障占比排名第一，2021年累计跳闸163条次，其中外破线路故障33条次，故障占比超过20%，仅低于本体故障40条次。2021年在鸟害治理、直供户侧故障压降等方面成绩显著，实现总体故障压降46.20%，但外破故障仅压降32.65%，远低于平均水平，同时外破故障停电范围大、抢修时间长、抢修难度大，严重影响线路安全稳定运行和居民正常生活、生产用电，成为制约供电可靠性的主要因素。

辖区内施工点呈现范围广、密度高的特点，有沂河路高架桥开挖施工、启航路打通工程施工、滨河东路扩宽工程施工、长深高速—京沪高速连接线扩宽工程施工等多达21处大型施工点，同时受限于防护人员不足，外破防护压力巨大。

二　主要做法

将外破防护工作作为2021年重点工作，召开专业分析会。制定新增施工点审批制度，下发外破防护"十必须"标准，强调日反馈、周通报、月考核、督查

第三章　故障管控

171

管理，同时加强与政府沟通，争取政府支持，多角度、多方向地提升外破防护水平。

（一）内部管理 明确防护"十必须"标准

总结日常防护措施，创新性地提出了外破防护"十必须"标准（见图3-15），日常防护严格按照标准执行。

国网临沂供电公司河东供电中心文件

外破防护"十必须"

1、必须与施工单位充分对接，明确防护措施后再准许开工。

2、必须开展风险分析与事故预想。

3、必须签订《电力设施安全防护协议书》。

4、必须要求施工单位派专人防护。

5、必须将全部电缆测出并做好明显标识。

6、必须要求施工单位将电缆人工找出并做好保护措施。

7、必须每天与施工单位沟通，知晓施工计划。

8、必须有人现场蹲守防护。

9、现场不可控的必须逐级上报。

10、发生外破必须报警，追究法律与经济责任。

2021 年 4 月 6 日

河东供电中心配电班　　2021 年 4 月 6 日印发

图3-15　外破防护"十必须"标准

1. 新增施工点严格执行施工审批制度

（1）中心获知施工信息后，与施工方确定现场勘察时间。

（2）线路专门负责人到达现场后，用电缆路径仪测量现场电缆走向，并用警示彩旗、喷漆等方式做好电缆路径走向，未探明电缆走向严禁施工。开展风险分析与事故预想，根据外破防护要求，通知施工方施工前电缆必须人工找出，并用围栏等方式形成"硬隔离"，悬空的电缆用支架架起。在架空线路下方或附近施工时，须对电杆做好防护措施，电杆基础用砖、石等做好防护墩，与架空线路距离不足的，装设限高架，防止碰触导线，未做好防护措施严禁开工。详细的施工审批流程见图3-16。

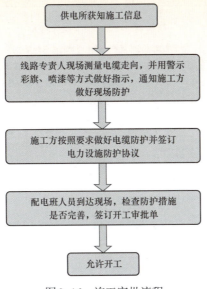

供电所获知施工信息

线路专责人现场测量电缆走向，并用警示
彩旗、喷漆等方式做好指示，通知施工方
做好现场防护

施工方按照要求做好电缆防护并签订
电力设施防护协议

配电班人员到达现场，检查防护措施
是否完善，签订开工审批单

允许开工

图3-16　施工审批流程

（3）施工方按照要求做好防护后，供电所与施工方签订电力设施防护协议，施工方必须安排1～2名安全人员做好现场监督，电力设施防护协议见图3-17。

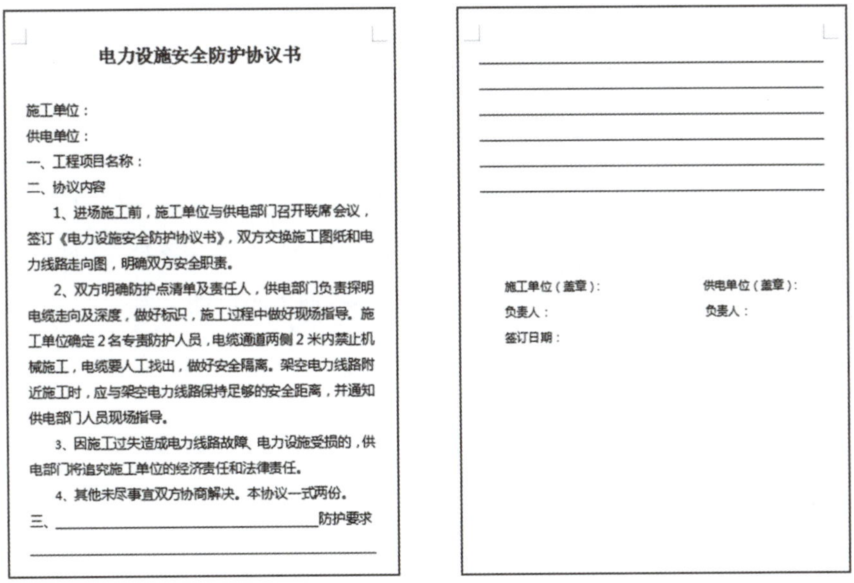

电力设施安全防护协议书

施工单位：

供电单位：

一、工程项目名称：

二、协议内容

1、进场施工前，施工单位与供电部门召开联席会议，签订《电力设施安全防护协议书》，双方交换施工图纸和电力线路走向图，明确双方安全职责。

2、双方明确防护点清单及责任人，供电部门负责探明电缆走向及深度，做好标识，施工过程中做好现场指导。施工单位确定2名专责防护人员，电缆通道两侧2米内禁止机械施工，电缆要人工找出，做好安全隔离。架空电力线路附近施工时，应与架空电力线路保持足够的安全距离，并通知供电部门人员现场指导。

3、因施工过失造成电力线路故障、电力设施受损的，供电部门将追究施工单位的经济责任和法律责任。

4、其他未尽事宜双方协商解决。本协议一式两份。

三、_____防护要求

_____

施工单位（盖章）：　　　　供电单位（盖章）：

负责人：　　　　　　　　　负责人：

签订日期：

图3-17　电力设施防护协议

（4）配电班人员检查现场防护措施，签订开工审批单，允许施工方进行施工。开工审批单见图3-18。

2. 与施工单位沟通，知晓施工计划

长深高速连线施工、新东兴路施工、沂河高架桥施工等工程，每个标段的项目

173

建设施工现场开工审批单

为加强电力设施的防护，减少因外破造成线路故障，影响居民及企业的正常生活、生产用电。现要求施工方按照《关于加强建设施工过程中电力设施防护的通知》要求，对施工区域内电力设施进行防护，并经验收合格后允许开工。

施工点位置：　　　　　　　　　　　　线路名称：

序号	防护措施	执行情况（√）	备注
1	建设施工单位在建设工程开工前，主动与供电部门对接，查明有关电力管线详细情况		
2	供电部分测量路径，警示彩旗、喷漆等做明显警示，并对施工单位进行告知		
3	建设单位会同施工单位与供电部门签订三方工作协议		
4	施工单位对进入施工作业现场的员工、司机进行详细电缆、架空线路安全确认交底和防护事项培训		
5	施工单位必须有2名以上安全人员现场监督，告知供电部门施工方案		
6	施工区域内电缆人工找出，用围挡或栓笔笆形成"硬隔离"		
7	电杆基础用砖、石等象好护墩，并用围栏进行隔离		
8	对地距离不足10名的架空线附近装设限高架		
9	其他		

供电所：

配电班：

中心领导：

河东供电中心

年　月　日

图3-18　开工审批单

经理，每周、每日都要向供电所反馈施工计划、基本作业内容，电话、微信反馈都可以，如果要扩大施工范围到计划外，必须将扩大的范围第一时间告知供电所，让其心中有数，如果施工范围内有电缆，供电所会主动联系告知路径及相关注意事项或到达现场进行测量路径、指导施工等，严禁不沟通、不反馈计划。

3. 必须有人现场蹲守防护

供电所防护人员到岗到位，开挖施工时到场巡视并蹲守。

4. 现场不可控的必须逐级上报

现场出现不可控因素时，防护人员逐级上报。

5. 发生外破必须报警，追究法律与经济责任

发生外破故障后，防护人员第一时间报警，追究施工方法律及经济责任。

（二）日反馈、周通报、月考核、督查制度 巩固"十必须"提升措施

1. 日反馈制度

各所防护人员按照要求每日在运检群按照要求反馈巡视工作。正在施工的施工点：早七点反馈施工点明细表，每天早、中、晚3次巡视施工点，反馈施工点坐标及巡视照片（每处施工点对应1处定位、不少于2张照片），与施工方沟通确定夜间施工情况，晚七点反馈夜间施工情况。未开工及已暂停施工点：每日1次巡视现场，反馈照片及定位，与施工方沟通确定开工时间。

2. 周通报制度

配电班统计各所运检群反馈情况，对未按照要求反馈工作量的供电所、线路专门负责人进行考核通报，坐标定位、图片按照每少一处罚款10元进行考核。同时配电班每周对施工点防护情况进行检查，对于缺少警示标志、防护措施不到位的施工点进行群内通报、罚款。

3. 月考核制度

根据各所日反馈、周通报情况对各所防护情况进行等级划分，纳入月度考核，分为6个等级，对其中防护较好的供电所进行加分奖励，分别为+0.3、+0.5、+1.0分；对防护较差单位进行减分，分别为–0.3、–0.5、–1.0分。通报照片见图3-19。

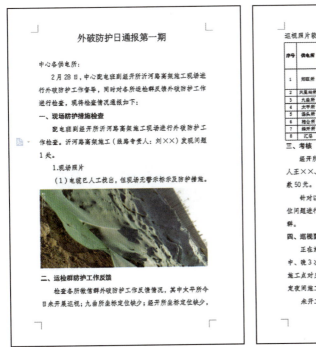

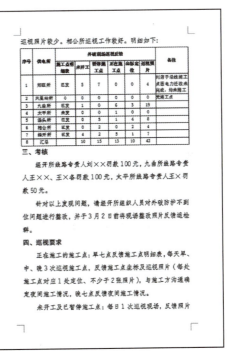

图3-19　周通报照片

4. 管理人员督查制度

周末安排管理人员到位督导。国网临沂供电公司河东供电中心分管主任、配电班长、运维专门责人分组完成辖区内所有施工点检查工作。各供电所所长检查自己辖区内施工点防护情况。督查照片见图3-20。

图3-20　督查照片

（三）政企联动　争取外部支持

在现有防护措施的基础上，也认识到自身工作的局限性，对建设施工单位的约束力不足，存在部分施工单位私自施工、野蛮施工的情况，对电力设施防护造成极大压力。2020年因施工单位未经允许私自施工，造成5起外破故障，严重影响居民正常生活、企业安全生产用电。

考虑自身的局限性，积极对接建设局，汇报辖区内建设施工与电力设施保护的利害关系，2021年7月10日联合河东区、经开区住建局，召开电力设施保护现场专题会，会上就建设施工同电力设施防护之间的矛盾关系及辖区内外破施工点状况等工作进行了充分汇报、讨论，会后下发《关于加强建设施工过程中电力设施防护的通知》，见图3-21，从政府层面给予电力设施防护极大支持。

图3-21　电力设施防护通知

同时召开外破防护现场会，进一步巩固了防护通知及专题会成效。2021年8月

供电可靠性管理典型案例

13日，在九曲街道北京东路施工点处召开现场会（见图3-22），国网临沂供电公司河东供电中心分管主任主持，住建局相关领导传达文件要求，辖区内经开市政、天元建设等21家建设施工单位参会。

图3-22　21家建设施工单位召开外破防护现场会

进入2022年，随着沂河路高架施工进入高峰期，为巩固前期取得的成效，进一步做好外破防护工作。国网临沂供电公司河东供电中心联合经开区建设局在沂河路高架桥施工点召开外破防护现场会，沂河路13区段施工负责人参会，会上就电力设施走向、防护要求等工作进行了充分对接，同时印制并发放了外破防护宣传图册。

三　工作成效

通过改进外破防护措施以来，故障次数压降成效显著，2022年累计发生外破故障12条次，同比2021年33条次减少21条次，下降63.64%，有效地降低了故障时户数，供电可靠率得到有力提升。同时外破故障占比为14.12%，从之前的排名第二下降至第四，远低于设备本体的22.35%。

分析近三年故障原因，设备本体故障仍为跳闸的主要原因，同时T接点烧坏、引线断裂、隔离开关等为本体故障主要设备，在加强日常运维的同时，将隐患排查、治理作为重点工作，线路检修由换杆、换线等大工作量检修转为T接点重新压接、引线更换、隔离开关更换等精益化工作。

案例5

10kV架空线路防鸟害典型案例分析及预防措施
——国网济南长清区供电公司线路防鸟害典型经验

简介

　　本案例主要通过对鸟类栖息、飞行、季节性、位置性规律等行为研究，阐述了10kV架空线路鸟害跳闸的多个特点及原因，并结合多年工作实际，在保证人与自然、电网与鸟类和谐共处的前提下，利用各种防鸟设施、人员巡视等有效措施，提出了一系列有针对性的防治对策，对解决10kV架空线路鸟害故障问题起到了积极有效的作用。本案例适用于城镇、农村等复杂性生态地区综合治理，10kV架空线路整治参考。

一　工作背景

（一）主要内容

　　近年来，山东济南经济发展稳步增长，部分原本远离城镇的配电线路，其附近的土地也逐步得到开发和建设，林木减少，鸟类原有栖息地受到破坏，迫使鸟类在线路杆塔上下活动、栖息，增加了鸟害事故的频次，给电网安全运行带来了不稳定因素。与此同时，随着人们爱鸟、护鸟意识的提高，鸟类繁衍数量越来越多，鸟类在架空线路杆塔频繁筑巢、排粪等，导致线路故障发生概率呈上升趋势，严重地威胁着电力系统及电网的安全运行。经过排查统计发现，在铁塔上的鸟粪和鸟巢比在水泥杆塔上的多，在农田、林地、苗圃和山地的杆塔上的鸟粪和鸟巢比其他环境中的多，在中间绝缘子串上方横担上的鸟粪和鸟巢比其他位置上的多。

（二）造成鸟害事故的原因分析

1. 鸟粪

当鸟站在绝缘子挂点上方构件上排便时，粪便会落在绝缘子裙边上，由于其粪便存在黏连性，沿绝缘子裙边下滑并不断拉长，致使绝缘子串爬电比距减小。当绝缘子串爬电比距减小到一定程度时，在高电压作用下，带电导线会沿绝缘子串对杆塔构件放电，导致线路发生接地故障而跳闸，这就是所谓的鸟粪拉丝放电。

还有一种普遍情况是，鸟粪在绝缘子上不断堆积，造成绝缘子表面严重积污，形成污秽层，在雾、雪、露、霜等气象条件下，污秽层湿润后，使其表面电导率增加，绝缘子泄漏电流急剧增大，产生局部放电并发展为沿面闪络，造成接地故障跳闸。

2. 鸟巢

鸟在绝缘子挂点上方构件筑巢时，叼筑的材料种类多样，有稻草、树枝、树藤、野草、包装袋、细铁丝等，这些筑巢材料被鸟放在绝缘子挂点上方构件上，飘下的材料有长有短，尤其是刮风下雨天，材料被雨打湿，很容易短接下面的绝缘子，造成线路放电跳闸故障。

3. 鸟类活动

停留在杆塔上的大鸟在嬉戏或起飞时造成导线与杆塔、横担距离不够，造成直接放电，线路出现接地故障而跳闸。

（三）鸟害规律

鸟害具有一定规律性，如季节性、时间性、区域性、瞬时性、重复性。

1. 季节性

春秋季是鸟害的多发期，根据2020—2021年国网济南长清区供电公司10kV及以上线路鸟害故障次数统计，线路鸟害故障在4—7月发生次数较多，这是由于该段时期为鸟类的繁殖期，鸟类活动频繁，鸟类迁徙的3、11月也是鸟害的高发月份。

2. 时间性

根据2020—2021年国网济南长清区供电公司10kV及以上线路鸟害故障次数统计，鸟巢类故障大多发生在凌晨或白天，鸟粪类故障一般发生在夜间至凌晨或傍晚。

3. 区域性

大部分鸟害发生在河流、农田、平地。

4. 重复性

有过繁殖经历的鸟类出于对原有领域或巢址的依恋，往往会多年在同一地点繁殖。拆除鸟巢后，长则几天，短则一两个小时，鸟类很快又在原杆塔原位置筑巢，特别是正处于繁殖期间的鸟类，反复筑巢的特点更加明显。鸟害区域发生率见图3-23。

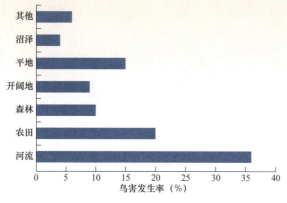

图 3-23　鸟害区域发生率

二　主要做法

（一）各类防鸟措施应用情况分析

针对 10kV 架空线路鸟害情况日益严重，国网济南长清区供电公司采取了多种防鸟害措施，主要有以下几种。

1. 防鸟刺

防鸟刺是一种比较经济、直接的防鸟害装置，安装方法简单且不需要停电，能防止鸟在绝缘子上方排便。但是这种装置也存在缺点，它会给后期的线路检修工作带来不良影响。一般情况下，防鸟刺装置是安装在悬垂绝缘子挂点附近的横担上。目前推出了一种可折叠鸟刺，这种装置可以减少对运维检修的影响。

2. 驱鸟器

近几年，长清地区多条线路在塔顶安装声、光、电驱鸟器，利用感应电储能发出间隔性鸣响或者专门录制鸟叫声用以驱赶鸟类，但鸟类对于周边环境有一定的适应性，该装置起始阶段较为有效，后期鸟类逐渐适应，则不再具备驱鸟效果。除此之外，还有机械类驱鸟器，如锯齿型、风筝型、风动型等各类驱鸟器。根据运维部常年的工作经验，对于鸟粪型鸟害，驱鸟器能发挥一定的作用，但对于鸟窝型鸟害，驱鸟器的作用就十分有限。

3. 鸟巢占位器

鸟巢占位器为一种防鸟害占位阻挡器，由橘红色的工程塑料壳体及安装固定金具组成，壳体为表面光滑的 U 形弧形凸面形状，壳体侧边设有半圆形凹槽，凹槽表面弧度与 10kV 电杆圆弧面相符，具备耐老化、抗腐蚀、绝缘高、质量轻、易安装的特点，完全占据了鸟类筑巢的空间，使鸟类无法在此筑巢，从而有效避免了鸟类筑巢而引起的短路事故发生。

4. 横担头封堵加预布引鸟架

横担头封堵加预布引鸟架通常有两种方式，一种是用材质为玻璃纤维的封堵箱实现对鸟类的封堵，另一种是用平板式铝合金材料对横担头进行封堵。

第一种方式是通过减少鸟类在配电线路杆塔上搭设鸟巢的方法，来降低鸟类对于配电线路的威胁，同时，由玻璃纤维制作的封堵箱具有坚固、轻便、造价低及耐老化等一系列特点，在很大程度上降低了配电线路的运维成本。

第二种方式主要针对鸟类筑巢特性和铁塔结构特点进行的特殊设计，具有安装简单、坚固耐用、抗老化、不易变形的特点，在停电检修作业时不需要每次进行移位，而且维护方便。为了使横担头封堵防鸟害措施发挥更大作用，可以人为预布引鸟架在导线下方塔身内，解决了鸟类要筑巢和线路要安全运行之间的矛盾。

5. 改变绝缘子结构

根据长期的运维经验，鸟粪闪络主要是沿绝缘子外侧下落，因此，可以将绝缘子串的结构改造为"V"形串或"Y"形串，这样就能够有效避免鸟粪沿绝缘子外侧下落，最终达到解决鸟粪闪络问题的目的。

6. 安装阻飞拉线

在地线支架安装鸟刺后，大型鸟类将鸟巢移至杆塔中相横担顶部，经过观察分析，发现大型鸟类为了便于起飞，通常选择竖顶或塔顶等没有障碍物的地方筑巢，为此，中相横担顶部面积大，鸟刺需求大，工作量也大，为此建议下一步利用地线支架，在中相横担上方安装两根钢丝绳，阻碍大型鸟类起飞。

（二）鸟害事故预防的主要做法

防鸟害的思路主要从两方面着手，一是不让鸟落在导线挂点上方的横担上，二是不让鸟粪落在绝缘子串上。具体措施有以下几种。

1. 准确划分架空输电线路鸟害区域

要深入线路，沿线摸清靠近冬季不干枯的河流、湖泊、水库和鱼塘的杆塔，位于山区、丘陵植被较好且群鸟和大鸟活动频繁的铁塔，有鸟巢和发生过鸟害的铁塔，上述铁塔应作为重点鸟害区域。

2. 加强线路巡视

若发现铁塔挂点上方有鸟巢，必须尽快拆除，并安装防鸟设备。结合线路检修工作，适时开展清扫活动，避免因鸟粪大量集中造成闪络事故。

3. 及时安装防鸟害装置

对于鸟害区域，必须在鸟类繁殖季节前安装好防鸟设施，更换已发现的零值绝缘子，重点采用防鸟刺、防鸟罩、增加绝缘子和改用棒式合成绝缘子方法，做好防鸟害准备工作。

4. 重视防鸟设施巡视和维护工作

在鸟害季节里，线路运行维护人员应重视对群鸟和大鸟活动情况观察，重视防鸟设施巡视和维护工作，发现损坏的和有必要增添防鸟设施的情况，应及时更换和安装处理。另外，还应重视对鸟害区绝缘子表面脏污情况观察，对鸟粪污染和表面脏污的绝缘子应及时安排带电清扫。

5. 完善和开发新的防鸟设施

成功的防鸟设施至少应具备以下功能和优点：具备防鸟功能；不影响线路安全运行；现场装拆方便；适应线路环境和气候变化，使用寿命长；不影响检修人员上下绝缘子串和更换绝缘子工作；价格合理，适宜大批量推广应用。

（1）建立防鸟工作资料台账，做到记录与现场情况相符，按期更新。

（2）加强宣传工作，发动群众开展护线工作，群防群护，这样不仅可以节省人力、物力，又可以有效地防止鸟害事故的发生。

三　工作成效

自2020年以来，国网济南长清区供电公司针对鸟害预防、精心组织、周密安排、细化措施、科学防范，从源头治理，采取"防控结合"的方式，"重拳出击"治理鸟害，建立引鸟、驱鸟、防鸟三位一体的鸟害防治体系，以抓重点、广布兵、勤巡视、消缺陷为主线，成立10支春季电力设施防鸟害巡查队，实施特巡制度，将辖区内受鸟害影响严重的区域进行等级划分，加强人防技防措施，安排专人加大多发点和易发点的巡视频率，缩短设备巡视周期，重点检查线路转角、耐张、双横担上的防鸟害装置，做到"重要线路、重点地段的危险鸟巢不过夜"。

2022年，已清除鸟巢1097处，因鸟害引起的故障停电次数较2021年同比下降20.4%（见图3-24）。

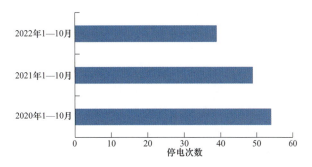

图3-24　近三年同期鸟害故障停电次数对比

因鸟害引起的停电时户数同比下降40.52%（见图3-25）。

下一步，国网济南长清区供电公司将继续从源头消除鸟害隐患，不断积累经验，持续进行升级改良，力争使各驱鸟工艺与性能更精良、用材更经济、效果更突出，确保防鸟害工作做早、做细、做实，为配电线路的安全稳定和可靠运行提供了坚强保障，同时实现人与社会、人与环境和谐发展。

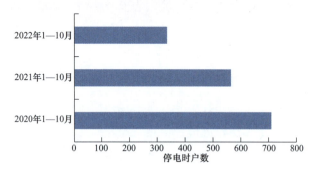

图3-25　近三年同期鸟害故障引起停电时户数对比

开展"四进"送服务全面提升供电质量
——国网青岛供电公司客户故障管控典型经验

简介

　　本案例结合"四进"（进企业、进项目、进乡村、进社区）送服务专项行动，发挥电力专业优势和技能优势，指导用户开展设备运维和故障处理，全面了解客户用电需求，同时与政府部门积极沟通，协同开展线路通道隐患治理行动，提升了设备可靠运行水平。

一　工作背景

　　为了保障企业复工生产，国网青岛供电公司积极响应山东省万名干部"四进"攻坚行动要求，全面启动"同舟度时艰，四进送服务"大走访活动。

二　思路和做法

（一）总体思路

　　为确保走访活动高效推进并取得实效，国网青岛供电公司实施领导包保责任制，分层逐级落地实施，形成领导带头、各部门协同配合的局面。采取线上线下结合的方式向客户宣传疫情期间供电惠民惠企政策，将十项护航措施落实到位，充分发挥电力专业优势和技能优势，指导用户开展设备运维和故障处理，全面了解客户用电需求，把政策温暖传递到每位客户。

（二）典型做法

　　活动中，供电工作人员深入到一线基层，覆盖市、县、乡三级，走访全市32万户大工业、一般工商业客户（含政府部门确定的全部中小微企业）和171个省级重点项目、市级重点项目，以及432个扶贫工作重点村、攻坚工作组联系的社区、村庄、项目和企业，同时还包括4290个非直供物业小区。结合客户生产用电特点，对客户供电线路进行特巡、测温、测负荷，帮助查找设备隐患，指导做好相应的预防措施，做好配电网方式安排。积极征求客户意见和建议，宣传目前的用电形势，宣传相关电力法规和安全用电知识，增强客户安全用电意识。同时听取客户对供电工作的意见建议，了解每一个电力客户的用电需求，确保超前服务、贴心服务。

另外，国网青岛供电公司严把配网新设备验收关，制定有针对性的验收大纲，明确验收部门职责，加强工程验收工作标准，保证工程"零缺陷"移交、"零缺陷"投运，加强客户侧设备管理，避免因客户侧设备故障引起的线路跳闸。持续开展配电线路通道清障专项行动，积极协调市政、绿化等政府相关部门，进行多方合作清障，对协调困难、树障难以清理的配电线路采用电缆入地或加装绝缘保护管等应对措施，全面减少线路因树障、异物及鸟害引起的线路跳闸次数。

三　成效与展望

本次活动进一步提升配网整体运行水平，有效减少用户侧设备故障停电次数，缩短停电时长。下一步，国网青岛供电公司将根据经济社会发展需要，建立与各级党委政府、广大客户的常态联系机制，随时倾听社会各界和客户的意见建议，及时协调解决用电难题，制定切实可行、便于操作的走访方案，把广大人民群众的安全和利益放在首位，保障供电质量，提高办电服务效率，做好企业复工生产和春耕生产供电保障工作。

强化客户用电检查，降低客户故障率
——国网济南供电公司客户故障管控典型经验

简介

　　针对客户设备引发线路停电故障占比高的情况，精确分析客户设备本体故障、第三方施工破坏等不同原因，强化客户设备自身运维，开展防外破专项行动，大力消除设备缺陷，减少外破隐患，压降故障发生次数；加强配网自动化建设，提升完善防御体系，提高故障就地隔离能力，及时隔离客户故障，减小停电范围；提高双电源客户备自投装置投运率，确保遇有故障及时转投对侧线路，有效减少客户停电时间。通过以上措施，客户故障、停电范围、停电事件均得到大幅压降，供电可靠性得到较大提升。本案例适用于客户设备运行质量差、客户侧设备隔离手段不足、频繁影响其他用户供电的区域。

一　工作背景

　　近年来，随着配电自动化建设、线路改造等工作的落地实施，由国网济南供电公司资产设备引起的线路故障大幅减少，客户线路或设备引起的故障占比逐步增高，2021年国网济南供电公司高新供电中心10kV线路全线停电故障12次，其中，客户设备原因引起的有7次，占比58.33%。分支线故障中客户设备原因占比为47.69%。外力破坏是客户设备故障发生的主要原因，以高压客户服务班为例，2021年发生的4次八级事件中，外力破坏故障2次，全部为外部施工人员破坏正式电用户电缆。16次非计划停电事件中，外力破坏10次，按照用电性质划分，临时用电9次，正式用电1次。临电外力破坏是故障发生的主要症结。

　　如何有效降低客户故障，也成为亟待解决的重要问题，如果能大幅压降客户设备故障，供电可靠性将得到大幅提升。

（一）开展高压普查，确保隐患消除到位

国网济南供电公司要求高压客户服务班、高新技术开发区供电所用电检查员针对管理的高压用户持续开展营销专业信息安全专项隐患排查和问题治理工作，力争实现高压用户普查覆盖率达到100%，协助用户排查、消除用电隐患，有效防止八级事件的发生。

1. 强化客户用电安全

根据班组人员管理高压客户数量、班组人员承载力情况，细化制定月度计划，严格按照月度计划执行，并纳入班组绩效考核。

2. 进行普查工作

对全部高压用户设备运行情况务必了如指掌，确保安全隐患"服务、通知、报告、督导"四到位。

3. 缺陷整改机制

对于排查发现的隐患风险，下发缺陷整改通知单，指导协助客户第一时间进行整改，确保隐患消除到位。

4. 建立联动机制

与客户建立密切联动机制，客户遇到任何用电问题，第一时间向各位用电检查员报备，尽快协助解决。

（二）完善防御体系，有效隔离客户故障

（1）完成72台配电自动化断路器（含柱上断路器）、62组快速熔断器安装，更换非智能环网柜19台（其中结合迁改、业扩配套工程更换非智能环网柜或分支箱7台），配电线路标准化配置率提升100%。

（2）10kV博科线、博东线、博山线等5条线路加装、更换快速断路器15台，合理分段，缩小故障区间。10kV博科线、博工线等7条线路，新建手拉手联络点，提升故障自愈及负荷转带能力。

（三）开展防外破专项行动

高新区内建设工地、道路改造众多，特别是地铁线路集中施工建设，设备外破风险高。客户防外破意识不强，管控力度弱。国网济南供电公司高新供电中心内部

组织客户管理班组联合配电管理班组、外部联合电缆运检中心共同开展外来破坏联防联控工作，及时沟通巡视中发现的外破隐患，共同对接施工单位及涉及的客户，针对临电用户以包代管、用电管理人更换频繁、野蛮施工赶工期、电缆走径穿越其他施工工地、营商环境框架下验收标准降低等造成临电易发生外力破坏的情况，逐条制定应对措施。加强营配融合，针对无人管理或设备状况老旧客户，及时发现并借助生产班组力量提级管控，力查力改，大力提升客户防外破主动性。

（四）推动客户备用电源自动切换装置投运

梳理完善双电源客户备自投装置投运情况，与34户新装双电源用户全部签订"明确备用电源自动切换装置运情况说明"，积极推动客户备自投装置投入运行，根据客户意愿及时完成投运并备案，指导客户定期开展投切试验，确保设备运行正常。

三 工作成效

通过强化客户用电检查及分界断路器更换等工作，客户设备引起的故障数量及大范围停电的次数有效减少，截至2022年底，由客户设备引起的全线停电故障4次，同比减少3次，降低42.86%；分支线客户故障发生14次，同比减少17次，降低54.84%，合计降低52.63%，客户故障次数大幅压降，供电可靠性得到较大提升。

案例8 开展"四面四点"排查 助力用户"不停电"
——国网淄博供电公司客户故障管控典型经验

简介

　　根据统计，用户设备已成为导致线路故障停电、降低供电可靠性的重要因素。该典型案例主要通过对用户设备进行"四面四点"排查，严把用户设备的竣工验收、定期试验和内部故障管理，充分发挥专业优势，借助大数据分析客户设备健康薄弱点，及时消除各类缺陷和隐患，逐步提升客户安全用电和主动运维的意识，在降低用户故障对公网和其他用户影响等方面效果显著。本案例可为城镇、农村地区用户设备综合治理、运维管理等方面提供参考。

一 工作背景

　　2022年9月13日，国网淄博供电公司淄川供电中心组织员工上门服务鲁维制药集团有限公司安全用电，工作人员以"四面四点"排查要求为标准，按照电流方向，帮助客户开展地毯式排查，助力鲁维制药集团实现配电设备全年无故障、不停电。

　　2020年，国网淄博供电公司淄川供电中心共发生停电故障88次，其中因用户设备引起的故障停电49次，占比55.68%，用户设备原因已成为导致线路故障停电、降低供电可靠性的重要因素。为尽可能避免用户设备原因对供电可靠性带来的影响，国网淄博供电公司淄川供电中心主动服务用户，扎实开展用户"四面四点"排查行动（见图3-26），充分发挥专业性优势，制定用户设备"四面四点"排查要点，免费帮助用户对配电设备进行全面检查，并给予用户客观准确的检查结果和专业支持，定期组织用户开展安全用电培训，支撑用户不断提高设备运维水平。

图3-26　开展"四面四点"排查行动

二　主要做法

（一）充分发挥专业优势，大数据分析客户设备健康薄弱点

根据历年客户设备故障数据分析，制定"四面四点"客户设备隐患排查要点。第一个方面：设备是否过负荷，重点排查变压器、跌落式熔断器、隔离开关、断路器；第二个方面：绝缘是否被击穿，重点排查避雷器、套管、支持绝缘子、电缆头；第三个方面：设备参数是否设置小，重点排查线路断路器、负荷开关、跌落式熔断器；第四个方面：接头是否有缺陷，重点排查线路、电缆、隔离开关、断路器连接点。

（二）提供技术指导，及时预警客户设备安全隐患

按照电流的方向，帮助客户开展地毯式排查，根据检查结果组织专业分析，并下发用电检查结果通知书，为客户提供专业的设备安全建议，并针对客户重点电力设备，"一户一档"建立客户设备健康档案，定期提供安全用电服务，对客户设备安全隐患及时做出预警，指导客户及时消缺，防止隐患演变为故障。

（三）开展安全培训，提升客户安全用电意识

联合电力管理部门，定期组织客户开展电力设备运行维护培训，提升客户电力设备操作专业技能，防止发生误操作事故，提醒客户按照试验周期开展预防性试验，提高设备全周期使用寿命。

（四）针对高压用户，全面开展预防性试验

联合各镇政府、街道办事处、开发区以及属地供电单位及时督促电力用户开展预防性试验，原则上一年以上未开展电气设备预防性试验的要全部开展一次预防性试验，根据轻重缓急程度可优先对运行15年及以上用户电气设备、长期负载率超过80%的老旧设备，开展预防性试验，试验不合格的要进行维修、更换，合格后方可恢复送电，确保用户设备健康运行。对拒不配合、拒不开展的，各镇办、开发区及相关部门要采取有力措施（停电、停产等），督促用户进行整改，形成长效管控机制。

三 取得成效

通过开展客户"四面四点"排查行动，截至2022年底已累计帮助客户消除变压器渗油、漏油、孔洞封堵不严等安全隐患389项，客户排查隐患排查治理单见图3-27，客户设备安全水平得到长足提升，客户设备故障率同比降低40%，极大地促进了用户供电可靠水平的提升。

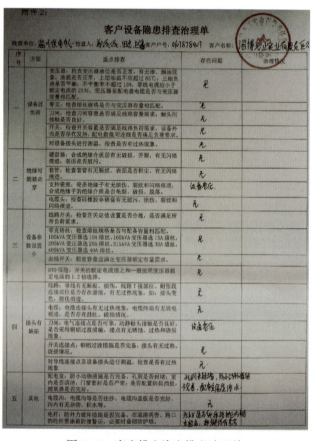

图3-27　客户排查隐患排查治理单

（一）设备管理方面

（1）断路器、隔离开关、跌落式熔断器全部绝缘包封，定期测温，无接触不良及发热情况，防雷接地电阻合格，避雷器按周期试验或更换。

（2）线路通道内无超高树木，电杆无倾斜，电缆有路径图、标识桩，明确电缆路径及埋深，有条件的可对电缆路径进行混凝土保护。

（3）配电室整体建筑完好，地基无下沉，墙面整洁、无剥落；门窗完好无损，门锁完好；防鼠板安置密封无缝隙，电缆层、门窗铁丝网完好；室内、外电缆沟盖板完好，无断裂、缺少，电缆孔洞封堵完好，电缆沟内无积水，排水、排风装置工作正常；接地无锈蚀，隐蔽部分无外露；周围无易燃易爆物品。

（4）室内、开关柜内正常照明系统、事故照明系统正常；室内整洁整齐，配备必要合格的安全、消防、操作工器具，以及捕鼠笼或粘鼠板。

（5）配电变压器、断路器、电缆等设备周期内预试合格，试验周期为一年。

（6）主要设备无重要缺陷、无过负荷发热情况。

（7）线路敷设规范，无过热问题接头。

（8）开关柜及内部电气设备表面应清洁，无裂纹及缺损，无放电现象和放电痕迹，无异声、异味、松动发热，设备运行正常；开关柜内电气设备的相色应醒目。

（9）防护装置完好，带电显示装置齐全，功能完善。

（10）客户配电变压器无超容量运行和私自增容。

（11）客户应配备电气作业人员，配电室有相应的操作流程，客户电气作业人员能安全规范地操作自己的电气设备。

（12）客户定期对照以上检查项目进行定期检查，形成检查记录留存，以备发生故障时分析原因。

（二）组织管理方面

（1）客户应设专人对设备每周巡视一次，确保巡视到位，做好巡视记录，隐患及时发现。

（2）开展设备的特殊巡视。在特殊情况下或根据需要，采用特殊巡视方法进行设备巡视。特殊巡视包括夜间巡视、交叉巡视、防外力破坏巡视等。夜间巡视在负荷高峰期进行，及时发现发热点。

（3）故障巡视。在电网线路发生故障跳闸后，用户运行单位应积极巡查各自设备，查明故障点、故障原因及故障情况。

（4）线路防护区内有修路、植树等建设活动的（包括企业自己施工的），应及时告知供电部门。企业要派人加强盯防，与施工单位签订安全责任书，严防大型施工机械（吊车、铲车、自卸式货车）误碰带电线路造成的跳闸事故。

（5）加强防护区内飘浮物的治理，春秋季增加蔬菜大棚、果园种植园沿线线路巡视频次，防止飘浮物造成的短路故障。

（6）测温、测负荷工作每月同步进行，在负荷高峰期加强监测，及时发现发热点并予以消除。

（7）客户检修、维修设备，以及操作高压设备，应提前向设备管理班所报备，确保不发生误操作。

治理难题、消除痛点，压降用户故障
——国网临沂供电公司客户故障管控典型经验

简介

　　本案例主要介绍了客户侧设备管理在压降用户侧故障跳闸问题中的典型实践，在难题治理攻坚、线路痛点消除、运维管理提升等方面取得显著成效，针对典型问题线路精准施策，彻底消除用户侧故障隐患点，并将线路本体设备存在的缺陷与不足同步整改，全面提升线路故障防御能力。本案例适用于客户侧故障压降，线路综合故障防御能力提升可适当参考。

一　工作背景

　　国网临沂供电公司临港供电中心2020年累计跳闸次数为73条次，其中用户侧原因造成的跳闸次数为21条次，占比为28.76%；2021年中心累计跳闸次数为45条次，其中用户侧原因造成的跳闸次数为16条次，占比为35.56%。在线路设备状况不断改善、线路运维管理逐步提升、故障跳闸次数大幅压降的良好局面下，用户侧原因引发的故障跳闸问题日益凸显，近两年用户侧原因跳闸累计停电时户数825时户、累计电量损失13.34万kWh，用户原因已然成为影响线路安全稳定运行与供电可靠性的主要因素。

　　其中坪上七线、坪上八线（同塔）受用户侧原因影响尤为突出，近几年屡次引发全线停电事故。其所属三合居、岭南支线均为大支线联手线路，支线首端为分段断路器，既无法隔离支线故障也无法加装分界断路器，其福祥分支线为LGJ-35裸铝导线架设，且多处跨越厂房，外破故障、人身触电隐患较大。因支线首端无故障拦截设备，一旦支线出现故障，将会导致站内断路器跳闸，造成全线停电，严重影响全线用户供电可靠性。

为落实"不停电就是最好的服务"宗旨，国网临沂供电公司临港供电中心积极开展用户侧设备管理，压降用户侧原因跳闸，消除线路运行隐患，提升供电可靠性，提升优质服务水平，更好地满足用户用电需求。

（一）总结分析，攻坚治理难题

对辖区内线路状况、设备情况全面分析排查，总结配网运维情况与用户故障治理难点，精准施策。

（1）组建用户故障压降攻坚小组，针对安全隐患较大、用户故障频发线路进行逐户走访，开展"支线故障不进站、客户故障不出户"宣传，提高客户安全生产、隐患防护意识。

（2）治理难题各个击破，着力解决青赔费用、占地补偿、客户出资用户故障治理三大难题，为用户侧故障压降打好坚实基础。

（3）积极筹备线路改造所需物资，通过项目储备、物资提报、物料催货等多环节，全流程管控，确保线路改造工程顺利实施。

（二）对症下药，消除线路痛点

通过分析线路网架薄弱点，结合检修对电网进行改造，提升客户侧故障管理水平，打造坚强智能电网。

1. 提升线路网架结构，提升线路故障防御能力

针对部分线路网架结构不完善、故障防御能力不足的问题，加装智能断路器，坪上七线、八线线路分界断路器安装不足、不合理、存在无故障拦截能力的老式负荷开关的现状，结合检修计划，对坪上七线、八线更换南河湾老旧环网柜2台，坪上八线三合居支线新装分界断路器3台、岭南支线新装分界断路器7台，极大提升网架结构和故障防御能力，避免客户（支线）故障越级造成站内跳闸。同时结合线路首端已加装的一二次融合分段断路器具备故障拦截能力的条件，将线路首端一二次融合分段断路器投入故障跳闸及重合闸功能，减小故障停电范围。

2. 开展综合检修，提升线路健康水平

针对部分线路绝缘化不足、线径过细、安全运行状况差的情况，结合检修进行综合改造。岭南支线福祥分支线现存裸铝导线问题，结合综合检修，对老旧裸铝线

路进行改造，将岭南支线福祥分支线原有裸铝跨厂房线路拆除，并在厂区外新建线路2km，消除线路安全隐患，提升线路运行稳定性。

3. 加强线路防雷改造，提升线路应对恶劣天气能力

针对夏季恶劣天气多发、雷击故障频繁情况，中心同步开展主线与客户侧（支线）防雷改造治理。结合检修对线路加装过电压保护器（1km全部逐基加装、1km以外每三基加装一组），完善接地装置，构建线路防雷系统，2020年以来，通过检修加装过电压保护器4000余只，铺设接地极1万余米。迎峰度夏前开展接地电阻排查治理，对不合格接地电阻进行维修，强化线路应对恶劣天气能力。开展客户设备隐患排查，对客户箱式变压器、电缆等老旧避雷器进行更换，提升客户和设备健康水平，降低客户设备引发的线路跳闸。

4. 强化配电自动化运维，提升线路自愈率

加强离线终端消缺，开展老旧蓄电池轮换、常态化组织开展环网柜二次巡视，结合检修对老旧卡涩环网柜进行一次机构维修等手段，提升配电自动化设备健康水平，将自愈率提升至96%，极大地减小了故障停电范围，提升供电可靠性。

（三）强本固基，加强运维管理

全面落实国网临沂供电公司工作要求，运维管理不松懈、不掉队。

（1）常态化开展带电检测巡视，利用红外测温、局部放电检测等带电检测设备加强巡视力度，改变了以往单纯观察的巡线方式，提升线路巡视质量。

（2）加强外破防护，针对线路外破施工点，及时建档管理，加强防护。针对客户厂区内施工隐蔽、较难管控的问题，组织开展防外破"五禁干"宣传，倡导客户施工前联系线路专责，做好设备防护措施，降低外破故障风险，已累计发放宣传单2000余份。

（3）加强客户侧设备管理，联合区发改局开展客户设备隐患排查，下发隐患通知书1500余份，督促客户进行整改，降低客户设备引发线路跳闸率。

三　工作成效

通过客户侧故障管控，坪上七线、坪上八线改造后未出现过客户侧原因导致的主线与支线线路故障，跳闸压降效果明显，线路标准化配置率大幅提升，重大人身触电、线路外破隐患整改消除，故障拦截能力显著提高。

国网临沂供电公司临港供电中心持续压降客户原因引发的线路故障，已经连续两年实现客户侧原因跳闸数量同比降低30%的目标。随着故障跳闸的大幅压

降，国网临沂供电公司临港供电中心供电可靠率提升至99.9199%，故障停电时户数较2021年同比压降46.09%，用户平均停电时间同比压降50.50%，为持续优化营商环境、保证用户安全可靠用电、推动经济社会稳步快速发展提供了有力支撑。

第四章

设备运维检修

案例1 双电源配电室作为线路联络，有效压降时户数
——国网济南供电公司故障抢修典型经验

简介

　　本案例主要介绍了在配网故障处理过程中快速恢复非故障区段用户供电的典型实践、在故障处理过程中，如故障导致发生的停电区段中有符合条件的双电源配电室可用作线路联络时，采取双电源公用区作为转供联络点的方式处理事故，可有效降低故障停电造成的时户数，快速缩短非故障区段的复电时间，减轻服务压力。本案例可供城镇地区故障紧急处理工作参考，协助编制供各类工程检修计划。

一　问题背景

　　2022年3月25日，10kV姚吉线发生电缆故障，原因为10kV姚吉线062断路器至101环网箱1号断路器间电缆绝缘击穿。该条线路后端无联络，因故障点发生在出线电缆处，从220kV姚家变电站062断路器至10kV姚吉线101环网箱的电缆长度超过3.5km，电缆中间接头达11个，查找及修复故障所需时间在10h以上，如果直接停电会造成全线所带用户长时间停电，该线路共担负着5个高压用户、3个大型小区、2000余户居民的供电任务，单电源用户由于位置受限无法使用低压发电车，本次故障停电时户数可达到202时户，造成的舆论风险和影响较为恶劣。10kV姚吉线单线图见图4-1。

　　为避免长时间停电，国网济南供电公司历下供电中心积极探索大胆尝试，经过充分论证后，创新采取末端双电源配电室用另一路电源10kV和永线返带10kV姚吉线，该方式能够最大幅度减小故障停电影响范围，可实现故障停电"零时户"。

供电可靠性管理典型案例

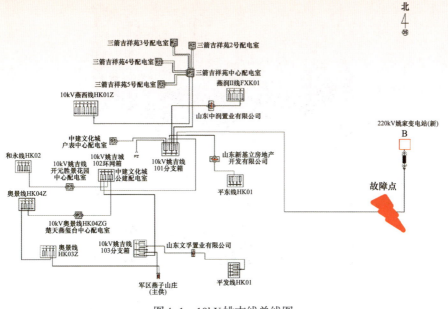

图4-1　10kV姚吉线单线图

二　主要做法

（一）选择合适双电源配电室作为线路联络

10kV姚吉线后段有2处双电源配电室，分别是开元盛景中心配电室和楚天燕玺台中心配电室，经过慎重考虑，最终选择了开元盛景作为线路转供联络点。该公用区高压柜投运于2014年，设备状况良好，无论从线路负载率还是联络电缆的线径、断路器容量来看，该处配电室高压柜（见图4-2）都是作为转供联络点的不二选择。

（二）运行方式调整

尽可能压降10kV姚吉线负荷，通过双电源配电室倒电源。落实10kV姚吉线所有双电源用户均在对侧运行，或倒至对侧运行，包括三箭吉祥苑、开元盛景、楚天燕玺台等7个双电源用户。

（三）双电源配电室作为联络转供操作

先将故障点后段10kV姚吉线101环网箱1号断路器转检修，再将开元盛景中心配电室10kV姚吉线侧进线断路器由热备用转为运行。

图4-2　双电源配电室

经过运行方式调整后，10kV姚吉线故障点成功隔离，仅用时1h 20min就将所有用户恢复供电，修复该线路电缆故障的实际用时为11h 40min，时户数压降超过了90%。

三　主要成效

使用双电源配电室作为线路联络的方式处理事故，可有效降低故障停电时户数。该方法不仅适用于故障的紧急处理，还适用于各类计划停电的情境，对全年供电可靠性的提升以及时户数的压降都具有重要意义。

四　联络转带方式注意事项

（一）负载

确保另一条线路负载率满足要求，将故障线路双电源尽量导出。

（二）转供条件

1. 相序一致

需要提前确认所有双电源配电室相序一致。

2. 载流量

通过对侧总容量计算接带电流，一般来说设备允许额定电流是630A，配电室母排通流满足1000A。

3. 设备情况

选新设备,三二闭锁可手动操作的。

4. 保护情况

线路保护不会误动,尤其注意小电阻接地变电站。

一次检修，受益五载
——国网济南供电公司运维检修典型经验

简介

　　城市周边郊区线路主要接带城郊居民用户，用户的用电可靠性需求高，但线路运行年限久，设备大多为运行十年以上的老旧设备，整体通道环境差，安全隐患多且大多不能通过带电方式进行处理，线路防强对流天气能力差。针对此类线路，报计划停电之前保证"一停多用"，充分利用无人机飞巡等配网运维新手段进行计划前勘察，提前梳理工作内容与风险点，合理安排工作班成员，压降停电作业时间。本案例可供城市周边郊区线路的综合检修工作参考。

一　工作背景

　　济南市槐荫辖区10kV线路220条，包括109条混合线路和111条线路，线路总长度为1294.08km。部分郊区架空线路设备老旧，大多负荷开关型柱上断路器、环网柜运行时间超8年。对线路缺乏综合性的运维检修，尤其是位于市区西部的郊区架空线路，线路走廊内树木繁多、生长茂密，设备运行环境恶劣。2023年2月5日，2021年7月12日（暴雨天气）、11月7日（暴雪天气）和12月26日均发生了支线故障停电，朱庄与吴家堡片区屡屡发生大范围停电情况。为了保证居民和用户的可靠用电，改善线路运行环境，借助全线停电综合性检修，对线路通道内的树障进行一次集中清理，将原分段断路器更换为快速断路器，对运行时间长、TV内置的分界断路器进行更换，对老旧高压隔离开关、熔断器等进行更换，并对线路绝缘化低的线段进行绝缘化处理。

二　工作内容

　　基于上述原因，2022年9月6日，国网济南供电公司槐荫供电中心对10kV吴齐

Ⅰ线开展了一场综合检修大会战，全面消除各类隐患缺陷，充分保证居民和用户的可靠用电，大力改善配网线路运行环境，为实现"一次检修，受益五载"奠定坚实基础。

（一）工作前准备

提前"出诊"谋划，确保电网应检必检，应修必修。国网济南供电公司槐荫供电中心组织无人机全覆盖飞巡巡查，充分运用红外测温、局部放电检测等技术手段，并确保现场勘察深度，梳理了绝缘破损、绝缘子皲裂，雷击断股、树障隐患等一系列隐患，编制出一本隐患问题"账本"，提供了综合"诊治"依据。

（二）工作过程管控

全量人员输出，确保检修量高质强。本次检修工作工程量大，工作负责人3人，专责监护6人，工作班人员65人，实施逐段检修转移工作制，全面保障检修安全可控。同时成立检修验收专班，全面负责检修工艺督导及验收全过程。检修完成更换分界断路器11台（均为2013年以前投运的老式断路器）、加装智能断路器2台、迁改电杆25基、清理树障3处、治理局部绝缘化12处、校正绝缘子10处、校绑线紧8处。对10kV吴齐Ⅰ线进行了一次全面质检提升。

（三）安全措施管控

反馈督查到位，光伏反送电隐患全隔离。此次检修范围共排查出西张村、席庄村等15个光伏台区63处光伏断路器。停电前，中心组织网格经理提前拉开光伏断路器并加锁、悬挂警示牌。全力配合拉开15个光伏台区进线侧高压跌落式熔断器。全面消除光伏有源网络反送电风险，全力保障配网安全检修。

三 工作成效

经过此次综合检修，实现了全线断路器设备的全部自动化，可使故障范围控制在最小。例如在9月28日吴齐Ⅰ线103HW-59北支11号杆用户内部故障时，自动化精准切除了故障用户，使停电范围缩到最小（故障用户单户停电），自动化断路器的更换使故障信息更加准确，故障巡视时间大大减少，此次故障减少停电时户数近50时户，有效保证了线路其余用户的可靠用电。

国网济南供电公司槐荫供电中心积极总结本次"大功率"检修经验，在10kV

吴齐Ⅰ线的经验加成下，完成了10kV朱齐线11支线路的综合检修工作。对这两条线路防范极端天气，增强线路供电可靠性打下了坚实的基础，经过综合性检修后，这两条线路均未再出现大范围停电故障。

案例3

"双套组合拳"打造供电可靠性管理新高地
——国网临沂沂南县供电公司运维检修典型经验

简介

　　本案例主要介绍了国网临沂沂南县供电公司通过"更快一分钟"服务理念和"比学赶超"业绩指标理念压降配网线路和设备故障，提升供电服务能力的典型实践。采取"技术+管理"双管齐下的方式，使得故障信息更快传递、专业团队更快响应、故障查找更快定位、负荷更快恢复，全方位压降频繁停电和抢修工单数量，使供电可靠性指标实现跨越式提升。本案例适用于城镇、农村地区频繁停电台区治理，供电服务能力转型升级参考。

一　工作背景

　　国网临沂沂南县供电公司2022年全年频繁停电用户高达1388户，故障报修工单数量的居高不下，严重影响了供电质量。因此，作为管理部门，如何管理好频繁停电，提高供电可靠性，已成为运检专业亟须解决的关键性问题。针对上述问题，把全面提升供电可靠性数据质量作为主线，以配网网架提升为根本，将供电可靠性提升工作理念贯穿配电专业管理全过程，以点带面，持续提升供电可靠性。

二　主要做法

　　根据省市公司相关政策精神，结合供电可靠性年度重点工作任务，采取"技术+管理"双管齐下的方式，打出"更快一分钟"服务理念和"比学赶超"业绩指标理念这"双套组合拳"，把国网临沂沂南县供电公司供电可靠性管理推向新高地。

（一）坚持"更快一分钟"的服务理念

　　为深入贯彻落实安全生产工作会议精神，践行"不停电就是最好的服务"理念，快速高效开展配网抢修，缩短客户停电时间，压降供电质量投诉数量，全面提升供电可靠性，国网临沂沂南县供电公司制定了"更快一分钟"抢修质量提升方案。

1. 故障信息更快传递

国网临沂沂南县供电公司调度控制分中心梳理完善各单位许可人联系清单，设置值班电话快捷键，编制故障信息固定模板，确保在2min内将停电范围、接地选线、自动化区间判断情况等关键故障信息通知设备管理单位许可人，同步通过微信群发布故障线路WEB接线及自动化动作情况。主线及接地故障须通知变电运检中心开展站内设备检查，读取站内保护信息、故障电流、接地选线等；对城区超1000户、村镇超3000户或者接带政府、化工、煤改电等重要客户的线路故障，要同步通知带电作业班做好出车准备。各单位工作许可人接到调度通知后，5min内完成内部层面的故障信息传递，并实时做好现场与调度沟通联系。变电运检中心接到调度通知后第一时间开展站内检查，1h内完成站内设备检查、信息反馈。

2. 专业团队更快响应

按照"城区45分钟、农村90分钟"承诺响应时间要求及台区经理管辖范围等，成立3～5人的网格化抢修小组，作为抢修"第一梯队"；利用集体企业、社会力量作为抢修"第二梯队"，组建2～4支核心抢修队伍，每支队伍至少配置6～8名抢修人员，承担配网大型故障现场抢修。设备管理单位在故障停电发生15min内完成故障停电信息的提报。台区经理接到故障信息后10min内，通过微信群在物业、村庄通知客户，并快速赶赴停电台区，利用小喇叭通知客户停电情况，检查管理台区设备有无故障。设备管理单位负责人统筹自有资源，组织线路专责、台区经理成立故障查找小组，开展故障线路网格化巡视、故障点查找工作。配电二次专业人员接到线路故障通知后1h内到达现场，对故障停电区间、保护动作情况进行初步分析研判，判断是否存在自愈动作失败等问题，提出负荷恢复转供建议，并第一时间告知配电许可人。

3. 故障查找更快定位

故障后一、二次人员第一时间到达现场，一次人员首先根据调度故障信息进行故障区域巡视，排查异物短路、外破等明显故障；二次人员到现场后，第一时间读取故障点两侧配电终端保护信息，包括故障电流、故障相别、保护定值、停电时间等信息，并告知线路专门责人。故障点确定后，对故障判定准确性进行分析，对区间判定错误、故障区间扩大等问题进行分析，形成分析报告，报送国网临沂沂南县供电公司运检部。无法通过巡视发现的故障，以先分段断路器后分界断路器的顺序，通过摇绝缘等方式检查线路绝缘值，缩短故障区间范围。巡视检查和绝缘测试应尽可能同步完成，原则上时间不应超过30min。

一旦确定故障区间，第一时间调度控制分中心汇报现场情况，并尽快完成故障区间安全措施隔离工作。

4. 负荷更快恢复

梳理配电线路、重要客户和存在二级及以上负荷的居民小区联络情况、联络点设备类型及状态，制定负荷转供方案，完成联络线路相序核对。发生故障隔离故障区间后，符合转供条件的，20min内完成非故障区间负荷转供。针对各区域、各类故障制定中低压发电车接入方案，提前谋划车辆行驶路线，在接到出车通知后，10min内完成出车、60min内到达现场。

（二）坚持"比学赶超"的业绩指标理念

以供电所、城区供电中心为竞赛对象。将配电线路故障、频繁停电管控能力作为竞赛内容，制定了国网临沂沂南县供电公司"强管理比业绩"劳动竞赛实施方案。根据活动进度有计划、分阶段、按步骤推进劳动竞赛。国网临沂沂南县供电公司劳动竞赛工作小组组织检查评比分线上检查和现场检查两个部分。现场检查由营销部、运检部、安监部、发展部组织对竞赛单位进行现场查验。线上检查由各管理部室每月提取系统指标数据，进行排名打分。最终根据劳动竞赛开展情况，择优通报表扬劳动竞赛先进集体、先进班组和先进个人。

1. 统筹安排停电计划

对全年停电计划提前进行统筹规划，提前对计划停电进行审查，配电线路同一检修范围一年内只允许1次计划停电。每月5日前要求各单位报送月度停电计划，运维检修部形成停电计划审查意见，当日反馈至各单位。

2. 严格压降故障停电

开展防树障、防鸟害、防雷击、防外破、防小动物等专项活动；利用好测温仪、局部放电仪、无人机等设备，度夏、度冬负荷高峰期集中开展两轮次线路本体精益化巡检工作；常态化开展客户侧隐患排查整改；开展重复跳闸线路治理，不断提升设备健康运行水平，保证可靠供电。

3. 完善线路分级保护

优化调整变电站低后备及出线保护定值，在线路合理位置安装智能断路器设备，确保用户故障不影响支线、支线故障不影响主线、主线故障不影响站内、非故障区间能转供。

4. 加强数据分析管控

各单位每日管控本单位停电情况，对发生1次故障停电线路进行重点管控，加大运维和带电作业力度，对因管理造成的重复停电进行认真分析并形成诊断分析报告，每月5日前全面梳理本单位上月频繁停电问题明细，制定"一所一档"整改方案，并报送运检部审查。

三　工作成效

加强了配电设备运维，做好各类隐患的排查治理，提升了管理精益化水平，夯实了运检专业基础，压降配电线路故障，持续压降配网设备故障。10kV配电线路跳闸同比2021年下降了52.1%，故障自愈率达到了93.6%。国网临沂沂南县供电公司以各类指标为抓手，加强运行数据监测，加快问题治理效率，不断提升供电服务能力，频繁停电台区同比下降了76.59%，报修工单数量也同比下降了39.69%，进一步提升了国网临沂沂南县供电公司的供电质量，最终实现了供电可靠性指标跨越式提升。

案例4

10分钟故障抢修圈，让抢修再快一分钟
——国网临沂供电公司运维检修典型经验

简介

本案例主要介绍了故障停电后缩短抢修时间，提升客户服务满意度的典型实践，通过抢修"再快一分钟"服务理念，建立城区10min快速抢修机制，加强抢修过程管控，通过创新工作模式、强化制度执行、加强人员实训、工单驱动、完善服务沟通等做法，打造城区"10分钟故障抢修圈"。本案例适用于城区故障抢修工作。

一 工作背景

故障停电平均持续时间反映了供电企业对故障停电恢复能力的水平，是供电企业事故预案、故障查找、故障处理及抢修人员管理水平的直接体现。2020年9月，为落实省公司营配融合模式下标准化抢修工作规范要求，践行国网临沂供电公司抢修"再快一分钟"服务理念，打造核心城区"10分钟故障抢修圈"。通过更快一分钟抢修，城区故障停电时户数实现了持续压降，用户平均停电时长大大缩短，为持续提升临沂供电可靠性打下坚实基础。

二 主要做法

（一）更新工作模式，健全响应机制

1. 推行"一值一备一休"的工作模式

将监控指挥中心的监控人员和各站点的抢修人员均分为三组，监控室和6个站点每天分别安排一组人员24h值班，三组人员3天一轮，根据响应级别，可随时调整休息人员和第二梯队力量，满足应急抢修需要。

2. 实行"八四三三"管理机制

抢修人员严格落实3个电话、3个检查、2次测量八个规定工作。业务管理方面，要求做到两账、三单、四敏信息的及时反馈、抢修全过程可视化。针对单户零散报修、台区故障到10kV线路故障等停电抢修范围不同的三类故障，明确指挥人员和调用力量，建立分层分级三级响应机制。

（二）强化制度执行，严格责任追溯

1. 强化制度执行

针对抢修作业"小、零、散、临"、无工作计划的特点，优化抢修现场管控流程；通过可视化监控，进行安全管控措施视频审核，应急抢修单线上许可；根据抢修响应级别，明确各级故障指挥人员监控和到位监督的监督途径，确保抢修作业管理人员指挥调度、安全监督管控到位。

2. 强化视频监控

依托行为记录仪、监控平台，将"远程＋视频"监控模式延伸至故障抢修现场，实时监督检查作业执行、风险点管控等情况，及时指导、纠正现场抢修作业，确保作业现场工作高效安全进行。

3. 严格责任追查

建立"一工单一视频"责任追查机制，对抢修视频整理存档、定期抽查，发现抢修执行不到位、不规范的问题及时考核追责，有效规范抢修作业人员的标准化作业。

（三）创新转化加培训，抢修能力全提升

围绕"抢修更快、故障更少"两条主线，城区抢修站点配备"五设"。设置创新工作室，创新思维转化创新成果，更好服务日常工作，提升抢修效率和设备健康水平；设置故障设备陈列室，故障设备分析研究，直揪设备验收、运维、抢修方面不足，制定整改措施，进行改进提升，力求设备故障更少、抢修更快；设置密集型母线抢修实训室，对城区高层建筑常用的封闭母排，制作实物模型，针对多发的因凝露、管道进水而烧坏母排的故障问题，制定快速抢修方案，开展业务培训；设置低压二次实训室，搭建从台区总进线到用户入户断路器的整套实训模型，开展低压智能断路器、融合终端等新设备业务培训，让员工掌握新设备的原理和运维操作方法；设置高低压电缆制作实训工位，进行标准工艺制作培训，让员工掌握电缆终端、中间头制作和验收的关键点。

实训室不断开展反思警示教育和业务技能实训，针对线路典型故障分析，编制

6门实训课程；针对电缆、封闭母排和低压二次故障等典型故障排查处理，编制理论及实操课程29项。实训室已完成人员培训246人次，进一步提升了人员抢修服务、验收把关、精益运检和安全管控综合能力，助推设备运检与抢修服务提质增速。

（四）科技赋能加速，工单驱动业务

设置城区抢修监控指挥中心，覆盖临沂核心城区6个标准化抢修站，服务用户61万户，负责抢修指令的上传下达、调度指挥，具有指挥调度、故障会诊、服务督查、安全管控、主动抢修等5项功能。

1. 指挥调度

监控人员通过95598决策平台可实时查看工单接单和处置过程，监控是否存在工单积压情况，进行全过程的管控调度。根据抢修人员实时定位，进行就近派单，确保工单运转高效、流程闭环。

2. 故障会诊

针对疑难故障，监控人员、抢修站长通过现场抢修实时视频，进行远程在线会诊，指导帮助抢修人员快速研判故障原因，开展抢修工作。

3. 服务督查

通过现场抢修实时视频对抢修人员服务行为在线监督检查，对存档抢修视频进行抽查，发现服务不规范问题，及时通报考核，并完成整改。

4. 安全管控

通过实时视频，可实现对现场安措执行、风险点管控等安全措施执行情况监督检查，及时制止、纠正违章作业，确保作业现场工作安全。

5. 主动抢修

系统自动分析研判融合终端和各级终端设备的实时停电信息，发起主动抢修工单，推送至抢修人员手机"i配网"APP。

同时借助智能手持终端、服务行为记录仪等智能化设备，实现抢修作业移动化、可视化。通过台区智能融合终端、末端感知断路器的应用，实现设备运行状态实时监控，开展预警式主动抢修。通过HPLC高速载波表计推广应用，实现到户运行监控，在用户感知故障拨打报修前安排抢修，开启主动抢修新模式。借助在线报修微信小程序、"i配网"的推广应用，不断推进临沂城区配网抢修管理向工单驱动业务转型。

（五）沟通机制更完善，抢修服务更优质

为保证抢修更快服务更好，对抢修作业人员提出"四多"（多说一句抱歉、多

交一个朋友、多下一点功夫、多暖一份民心）服务。充分发挥党员突击队、服务队作用，重大灾情、疫情的应急抢险期间冲锋在最前，获得社会各界广泛赞誉。用电宣传主动超前，借助新闻媒体、微信公众号等媒介，积极向客户宣传安全用电、经济用电知识，无偿提供必要的技术指导，为客户排忧解难。开展进社区、进校园、进医院等志愿服务，与烈属、军属、残障人员建立长期帮扶关系，有效提升了彩虹共产党员服务队品牌形象。

三　工作成效

（一）抢修管控增质提速

国网临沂供电公司供服中心直接派单到单兵，监控人员全程线上跟踪管控。工单信息、客户告知信息快速传递；监控人员根据抢修人员实时定位，进行精准就近派单。抢修人员快速锁定故障报修位置，快速到达现场；通过故障热点分布图快速进行故障预判，提前准备抢修工具、材料。依托可视化监控在线会诊，实现故障原因的快速研判；编制了典型故障抢修预案，抢修人员和第二梯队能快速反应，立即行动，联动高效。

2021年以来，共处理报修工单2409件，抢修平均时长压降50%，抢修效率大幅提升。

（二）实现停电时长"零感知"

截至2022年上半年，临沂城区供电可靠率指标为99.968%，临沂年户均停电时间为1.45h，故障停电时间同比2021年缩短31.27%，停电时户数同比2021年压降4500时户，同比降低38.68%，停电时间和停电范围大大缩减。

通过建立城区10min快速抢修机制，提升了故障快速研判和准确定位能力，加强抢修过程管控，大大缩短故障处理时间。实现故障停电抢修在市区10min之内到达现场，救援时间缩短50%以上。

通过开展用户调研，超过80%客户表示停电时长较以往明显缩短，抢修速度超出以往一倍；客户对抢修服务满意好评率达到99%，客户用电实现了停电零感知，大大提升了客户用电体验。

案例5

开展三维度组合拳，加强频繁停电管控
——国网泰安供电公司运维检修典型经验

简介

　　本案例主要介绍了配网运维检修方面开展三维度组合拳，加强频繁停电管控的典型实践，通过综合开展深度检修、提升本质安全，组建"三个专家团队"、助力精益运维，加强精益管理、抓细抓实基础工作三方面举措，提高频繁停电台区供电可靠性。2022年，通过开展"降频停"专项行动，国网泰安供电公司频繁停电台区占比3.39%，同比下降78.46%。本案例适用于城镇、农村地区台区综合治理，加强频繁停电管控参考。

一　工作背景

　　在泰安目前的电网结构下，频繁停电长期存在。为做好降低频繁停电工作，国网泰安供电公司以提升供电可靠性为导向，以"降频停"为抓手，以精益运维为支撑，从停电次数、范围、时长三个维度强化管控。

（一）降低停电频次

　　严格一停多用、综合检修，强化精益运维，不断压降停电频次。

（二）缩小停电范围

　　优化网架，结合配网故障防御能力提升，加装断路器、跌落式熔断器，有效隔离故障，缩小停电范围。

（三）缩短停电时长

　　摸实基础台账，动态更新缺陷一本账，实施"一故障一报告"，深入分析故障原因，督导落实整改，加强精益管理，切实改善线路健康水平，缩短停电时长。

（一）综合开展深度检修，提升本质安全

1. 拓展检修面

以主业为主、外委为辅，调动检修积极性，2022年完成10kV大周线等66项线路检修，检修覆盖率41.77%，相比2021年增加41%，完成加装断路器73台、跌落式熔断器752组，裸露点包封1254处，消缺隐患2369处。

2. 项目同步实施

完成10kV崔机线等5条线路农网改造、10kV阳光线等12条线路配出，更换无钢芯导线161.4km；开展重过载治理，完成10kV金融线等4条线路TA受限更换，以及10kV南环线等7条重过载线路治理，极大提升线路健康水平。

（二）组建"三个专家团队"，助力精益运维

组建断路器、验收、测温三个专家团队，汇聚专业力量，助推配电专业化运维水平提升。

1. 断路器团队完成158条配电线路、913台断路器两轮次保护定值优化调整

实现配网三级保护配置全覆盖，试行频停线路"重合"功能，完成大周支线等4条频停支线断路器"重合闸"功能，基本解决配网"连跳"问题，配网故障拦截率提升至90.5%。

2. 验收团队完成66项检修、12条线路配出工程的验收工作

在10kV王下线送电验收中及时发现、消除TV接线错误隐患，共计下发隐患整改单105项，落实考核39条，严把设备验收关，杜绝设备带病入网。

3. 测温团队通过"带电检测+飞巡"模式，拓宽隐患排查渠道

累计完成158条线路、1.3万处检测及飞巡，留存影像资料4万余张，共计发现一般缺陷540处、重要缺陷56处、紧急缺陷5处，借助带电作业、负荷转供，完成61处重要隐患治理，540处一般缺陷通过秋检一并消除。

（三）加强精益管理，抓细抓实基础工作。

1. 抓好i配网应用

动态更新缺陷一本账，下达整改任务，限期整改，测温团队开展现场督察，编制周汇报、月考核，切实改善线路健康水平。

2. "一故障一分析"

验收团队协助设备管理单位深入分析故障原因，督导落实整改，对整改措施落实不力的纳入绩效考核。

3. 开展"走出去"活动

每季度组织配电专业人员前往相关单位请教学习，引进先进管理经验。

4. 落实配电线路异常到位制度

配电专业人员与断路器团队编制"一故障一报告"，实现"发现一个问题，消除一类问题"的目标，真抓实干，提升配电管理人员业务能力。

5. 实行"日监测、周分析、月总结"

形成全年数据表贯穿整个管控周期，建立"监控、治理、禁停"三个名单，明确治理措施、期限，量化考核、落实"说清楚"。

三 工作成效

通过制定领导包保供电所，所长、副所长包保线路制度，国网泰安供电公司领导每月巡视1条线路，所长、副所长每周巡视1条线路。安监部将按照包保人巡视计划，对包保线路开展挂牌督导工作，压实巡视质量，闭环隐患治理；明确考核导向，针对频停线路治理情况，重奖重罚第一责任人，提高设备主人责任心，形成自下而上治理频停局面，消除"上热中温下凉"现象。通过开展"降频停"专项行动，2022年，国网泰安供电公司频繁停电台区占比3.39%，同比下降78.46%。

案例6

主动服务，助力供电可靠性再上新台阶
——国网泰安供电公司运维检修典型经验

简介

　　本案例主要介绍了配网运维中实时监测低压客户停电，开展主动服务，助力供电可靠性再上新台阶的典型实践，在"数字员工"实时监测、重要客户精准定位、低压可靠性大数据分类展示、低压可靠性问题闭环管理等方面成效显著。本案例适用于城镇、农村地区配网运维方面开展主动服务，建设低压客户供电可靠性管理体系参考。

一　工作背景

　　低压客户（220V或380V电压供电的广大居民客户及非居民客户）作为供电企业服务的主要对象，一直缺少有效的供电质量前置性管控手段，发生停电后只能依靠客户拨打95598服务热线进行报修，供电企业"被动抢修"导致停电时间长，供电可靠性低。目前低压客户停电数据来源为用电信息采集系统电能表掉电事件，因低压客户数量级庞大（国网泰安供电公司共管辖260万余户），平均每分钟可采集电能表掉电信息约10条（每月约40万条），仅靠人工无法实现实时监测。

　　针对以上问题，国网泰安供电公司创新研发"电力用户主动抢修系统"，实时监测低压客户电能表掉电情况，以"数字员工（RPA）"为技术支撑，以"短信驱动"为业务开展模式，指导台区经理第一时间开展主动抢修及客户安抚等工作，实现低压客户停电由"被动报修"向"主动服务"转变，有效压降故障抢修时间，降低客户停电感知度。

供电可靠性管理典型案例

218

（一）"数字员工"实时监测

该系统利用机器人流程自动化技术（"数字员工"技术），自动登录用电信息采集系统，实时监测电能表掉电信息，并将采集到的数据计入数据库。对比95598计划停电信息过滤计划停电，对比停电开始时间过滤3min内闪停。

自动匹配供电服务指挥系统"线路名称—台区编号"及营销业务系统"台区编号—客户编号"对应关系，梳理出同一时间段内同一线路、同一台区下的所有停电信息，关联敏感客户信息库，通过客户户号匹配敏感客户信息，并对高可靠性要求、频繁停电、投诉客户、报修客户、重要时段保电、节日返乡等敏感客户进行重点分类标记。"数字员工"通过同一时间段内电能表掉电情况涉及的线路、台区、表箱情况分级判定，登录短信平台派发主动抢修短信至所辖台区经理、供电班（所）长手机、单位运检专责、分管负责人、运检部配电运检专工的手机。

（二）重要客户精准定位

充分发挥供电服务大数据挖掘技术优势，建立1个敏感客户信息库，在"数字员工"派发短信时通过客户户号进行自动匹配并重点标注。

1. "数字员工"自动储存电能表历史掉电信息

以2个月为周期（频繁停电投诉判定周期），统计全网低压客户停电次数，可通过单位、供电班（所）、线路名称、台区名称（编号）、用户编号、停电次数进行线上查询，在短信中对2个月内停电次数在2次及以上的客户进行重点标注。

2. "数字员工"抓取近3年营销业务系统历史95598工单信息

通过客户户号、电话号码两个维度，统计重复致电、历史投诉、历史意见、历史报修4类客户，可通过单位、供电班（所）、线路名称、台区名称（编号）、用户编号、致电次数进行线上查询，在短信中进行重点标注。同时台区经理可根据日常实际工作，随时在系统内对停电时需要特殊服务的客户进行自主维护，汇总形成自主维护敏感客户信息库。

（三）低压可靠性大数据分类展示

整合国网泰安供电公司低压客户停电及主动抢修大数据资源，构造数据分析模型，搭建"电力用户主动抢修系统"前台展示界面，为国网泰安供电公司运营决策提供重要支撑。

通过热力图形式，展示各单位当日用户停电热力分布情况，颜色越深代表停电用户越多。滚动展示电能表掉电信息、派发主动抢修任务工单具体明细。通过展示设定时间段内低压用户、重要敏感客户、主动抢修任务工单数量随时间变化的趋势，从而分析不同时期的用户停电规律，也可检验一个时间段内的治理成效。

（四）低压可靠性问题闭环管理

建立完备的低压客户供电可靠性管理评价体系，由供电服务指挥中心牵头，科学利用停电大数据，定期从抢修质量、供电质量、台区经理工作质效3个方面开展专题分析，督促供电企业以"主动抢修"为核心的低压客户供电可靠性管理体系建设不断优化和改进。

1. 停电数据"日通报"

从单位、台区、用户、供电所、台区经理五个维度进行用户停电数据分类统计。将2个月内停电次数达到1、2、3次及以上的台区按照红、黄、蓝进行标记，并派发"红黄蓝"预警督办单。根据各单位反馈情况，按照系统误报、表前断路器跳闸、电能表故障、低压线路计划停电、低压线路非计停、台区非计停、台区故障、10kV支线非计停、10kV支线跳闸、10kV主线非计停、10kV主线跳闸、10kV以上上级电源故障对停电原因进行具体分析。整合发布1日停电情况简报。

2. 主动抢修"月总结"

每月编发主动抢修系统应用情况分析报告，通报各单位反馈及时率、万户停电率、抢修效率、重要客户停电情况、高频停客户情况等指标。对高频停客户实施"月通报、周治理、滚动督办、季度清零"的工作模式，每月25日下发高频停客户明细，各单位于26—31日开展现场治理及入户入心走访，次月1—5日核查治理成效，针对治理后再次出现停电问题的进行滚动督办，并在设备精益化运维质量考核中予以落实，季度末对本季度高频停客户开展集中复查，确保彻底清零。

3. 供电可靠性"月分析"

将低压用户供电可靠性纳入国网泰安供电公司供电可靠性整体分析，每月开展10kV线路、台区、低压用户频停分析，从"上"到"下"精准定位电网薄弱点，为基层单位科学开展入户入心、设备整改提供决策支撑。结合95598频繁停电投诉及意见工单开展穿透性分析，深挖停电与客户诉求之间的关联关系，针对前期下发已督办未治理引发客户诉求升级的予以严肃考核。

4. 台区经理"后评估"

细化国网泰安供电公司各层级管理权责，形成多维度的台区经理主动抢修完成度综合评价标准，滚动修订供电企业以"主动抢修"为核心的低压客户供电可靠性管理工作中的关键指标，如反馈及时率、万户停电率、高频停客户治理完成率等，由供电服务指挥中心对市县供电公司所有台区经理开展综合评价，并纳入供电所大擂台评比及员工绩效考核，奖惩分明，责任到人，推动供电可靠性全面提升。

三　工作成效

2021年全面应用以来，电力用户主动抢修系统通过实时监测低压客户停电情况，累计向台区经理等人员派发主动抢修告知短信20.12万条，国网泰安供电公司万户报修数同比下降 22.4%，居全省第2位，95598、12345、12398等全渠道工单同比减少5415件，实现了运检类"零投诉"，客户满意度由93%提升至97.73%，供电可靠性和优质服务水平显著提升。

计划检修优化调整，助力供电可靠性提升
——国网聊城茌平县供电公司运维检修典型经验

简介

　　本案例主要介绍了停电计划方案优化的典型实践，以减少用户停电为目的，严格执行计划前勘查，统筹配网网架现状，优化调整施工方案，大幅减少计划停电时户数，切实提升了供电可靠性。本案例适用于城镇、农村地区配网线路综合治理，停电计划方案优化参考。

一　案例背景

　　随着社会不断发展，人们在生活、工作和学习等各方面的用电负荷不断增加，对供电可靠性的要求也越来越高。传统中压配网中供电可靠性偏低、适应电力市场化环境较弱等问题，越来越成为配网发展的阻碍，因此输配网急需转型和升级。国网聊城茌平县供电公司10kV线路110条，总长度2244.49km，架空线路长度2139.76km，电缆线路长度104.73km。部分地区联络率、带转负荷能力仍需进一步提高。为解决供电可靠性等矛盾，国网聊城茌平县供电公司通过主变压器轮转、输配线路改造等手段加快配网网架结构升级。本方案以2022年线路施工示例，以供电可靠性为主线，优化工程方案来降低用户停电感知度，提高供电可靠性。

二　主要做法

　　2022年秋检期间，110kV曹庄站10kV薛宋线提报月度计划检修：10kV薛宋线29号杆T接薛庄井井通支线、38号杆T接纸坊头西变电站、42号杆T接纸坊头农业支线加装熔断器；48号杆T接恒跃支线3号杆加装跌落式熔断器护套、17号杆T接五里支线7号杆加装跌落式熔断器护套、五里支线12号杆调整电杆；主干72号杆更换跌落式熔断器3支、主干48号杆更换分段断路器；薛庄台区穿墙套管更换绝缘线50m，更换令克3支；81号杆拆除分段断路器、87号杆新增分段断路器。

原方案停电范围：110kV曹庄站10kV薛宋线1203断路器至150D断路器之间。合10kV薛宋线206—郝齐线周韩支20L断路器，薛宋线150号杆以下负荷由郝齐线接带，共计影响时户数392时户。110kV曹庄站10kV薛宋线单线图见图4-3。

国网聊城茌平县供电公司加强停电必要性审查，在计划编制阶段，同步开展带电作业现场勘察及施工前勘察制度，严格带电作业可行性审批，凡能带电作业进行的检修改造一律不安排停电作业。针对技改大修工程造成时户数100时户以上的停电计划，由运检部分管主任牵头，组织相关专业技术人员对现场进行二次勘察，制定详细停电方案。经运检部现场勘查，10kV薛宋线92号杆存在一组隔离开关，可作为断开点大大减小停电范围。此方案预计减少30个台区停电，缩短停电时长0.5h，共计压降停电时户数223时户。10kV薛宋线联络断路器及断开点示意图见图4-4。

三　主要成效

结合本次停电改造实际，国网聊城茌平县供电公司组织配电各专业进行二次现场勘查，摸排10kV线路联络情况，断路器分布情况，制定了停电调整方案，通过优化停电计划，方案变更为：10kV薛宋线1203断路器至92号杆隔离开关之间线路转检修，合10kV薛宋线206—郝齐线周韩支20L断路器，薛宋线92号杆以下负荷由郝齐线接带。此项工作中共计压降停电时户数223时户，有效降低投诉风险，低电压可控，降低用户停电感知度，确保供电可靠性。本次计划检修涉及停电台区由56个台区降至26个台区，停电时间由7h压缩至6.5h，停电时户数由392时户降至169时户。

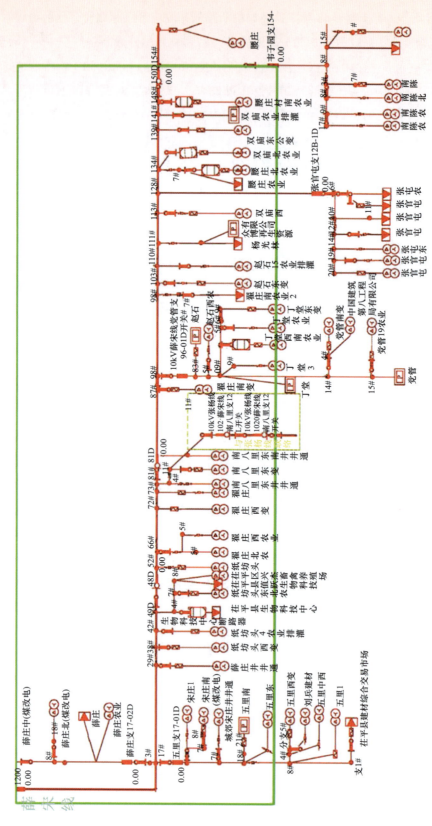

图 4-3　110kV 曹庄站 10kV 薛朱线单线图

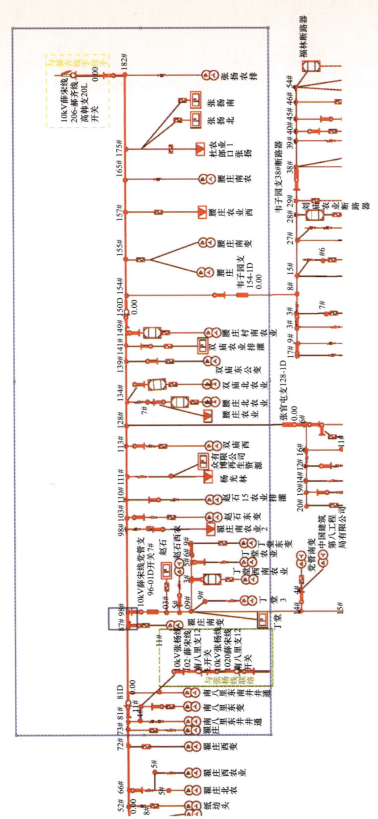

图 4—4　10kV薛末线联络断路器及断开点示意图

10kV电网30°相角差"零"秒合环调电
——国网菏泽曹县供电公司运维检修典型经验

简介

　　本案例主要介绍了在10kV配网存在30°相角差的情况下，通过精准计算合环电流，合理调整保护定值，实现带角差合环调电典型实践，在配网检修、方式调整、新建变电站启动送电时，有效保障客户零停电。本案例可广泛适用于城镇、农村地区存在30°相角差的10kV配网。

一　工作背景

　　国网菏泽曹县供电公司认真对照新时代山东电力"12字"精神特质，秉承"人民至上、保民生、保供电、保安全"原则，将供电可靠性管理贯穿国网菏泽曹县供电公司业务全过程。随着曹县化工园区内企业的不断落地和中小企业孵化园的蓬勃发展，区域内负荷不断攀升，企业对可靠供电的期盼愈加强烈。国网菏泽曹县供电公司在省公司、国网菏泽供电公司的正确领导下，牢固树立"人民电业为人民"的企业宗旨，全心全意服务地方经济发展，超前谋划、积极汇报，争取资金1.2亿元，在普连集镇境内（圆梦新村北侧）落地建设了110kV荷莲站，项目投产后，将彻底解决该区域供电能力不足、可靠性不高问题。该站已完成全部建设任务，于2022年10月27—30日接火送电。

　　110kV荷莲站因其T接电源110kV兰青线为同杆架设线路（与110kV曹青线同杆），启动送电期间，110kV青菏变电站将全站停电。涉及11条10kV配网线路负荷转出，其中110kV青菏站、10kV和圆线与35kV隆华站、10kV李新庄线，不同电压等级变电站配出的10kV线路同样存在30°相角差问题，传统模式下，即使依托于新一代配电自动化系统的远程遥控操作，负荷转供时依然会有停电过程。10kV和圆线接带斯递尔圣奥化工及格兰德等重要客户，若有停电过程将对其造成重大经济损失。为攻克此项难题，国网菏泽曹县供电公司在30°相角差35kV电网合环调

供电可靠性管理典型案例

电理论的基础上，对30°相角差10kV电网进行深入分析研究，通过精准计算合环电流，严苛校核保护定值，在2022年10月27日2：15成功实现30°相角差10kV电网"零"秒合环调电。

 主要做法

10kV电网合环电流的计算与35kV电网计算思路和方法相类似。

（一）工作流程及思路

（1）梳理环路相关参数及保护定值（尤其是配网线路各项参数必须准确可靠）。

（2）计算环流结果，综合分析相关保护动作和配合情况。

（3）调整相关保护定值及保护投停，并且合环、解环断路器具备完善的保护功能，并经传动试验成功，确保解环点保护动作且其他保护可靠不动作。

（4）为减轻解、合环过程对检修人员修改临时定值的工作量，环路中解环点保护装置存在多个保护定值区的，可下发一份合环临时定值，整定于其他定值区，专门用于解、合环。

（5）每次合环后，记录解环点保护动作电流，并与理论计算合环电流值进行比对分析，供后期数据计算参考。

（6）提前编写典型操作票，每次解、合环操作，运检、调控、供电所等相关单位做好协同配合，根据当值调控人员指令操作，以解、合环线路运行现状为依据，以临时定值单为抓手，依令执行。

（7）对解、合环完成后的各类装置，及时恢复原工作状态，确保线路保护发挥正常作用。

（二）合环电流的计算方法

忽略负荷电流，通过分别计算电压差为0～3kV时的合环稳态电流值，可以得出，电压差的大小基本不影响合环稳态电流值，故可按两侧无电压差进行计算。

1. 相电压差 U

相电压差按0考虑。

$$U=U_{1A} \angle 0°-U_{2A} \angle 30°$$ （4-1）

2. 环路阻抗 Z

环路阻抗为合环线路两侧10kV母线系统阻抗值和再加合环线路的线路阻抗值。

$$Z=Z_{1S}+Z_{2S}+Z_L$$ （4-2）

3. 环路电流 I

$$I = \frac{U}{Z} = \frac{U_{1A} \angle 0° - U_{2A} \angle -30°}{Z_{1S} + Z_{2S} + Z_L} \tag{4-3}$$

（三）应用场景

1. 场景一

合环线路分段或联络断路器，解环站端断路器，见图4-5。

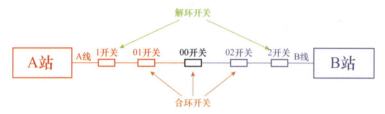

图4-5　应用场景一规划图

2. 场景二

合环站端断路器，解环线路分段或联络断路器，见图4-6。

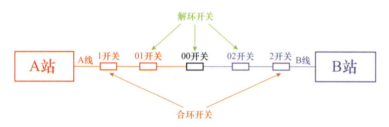

图4-6　应用场景二规划图

3. 场景三

合环线路联络断路器，解环线路分段断路器，见图4-7。

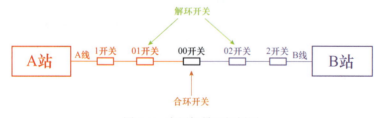

图4-7　应用场景三规划图

4. 场景四

合环线路分段断路器，解环线路联络断路器，见图4-8。

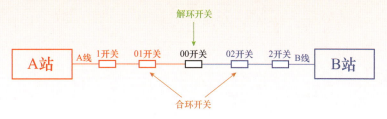

图4-8 应用场景四规划图

（四）其他需要注意的问题

1. 线路分段或联络断路器分闸时间慢，可能导致站端保护跳闸

充分做好保护定值分析，考虑极端情况下，若线路分段或联络断路器分闸时间大于站端断路器保护动作时间，应保证两站的站端断路器保护动作时间有时间级差，在站端保护误动时，仅有一侧断路器保护动作，确保不损失负荷。

2. 站端断路器或线路分段、联络断路器保护（或断路器）拒动，可能导致线路长时间过电流

做好全面降流措施，调整上级35kV电网或110kV电网运行方式，使两侧系统方式变大从而增加10kV环路阻抗，降低整个环路电流值，确保合环过程电流降至最小，最好能够降到线路的最大允许范围内。

3. 线路分段或联络断路器保护误投入或定值调整不当，导致保护（或断路器）拒动，可能造成部分负荷损失

做好部门协同配合，全面摸排10kV电网环路保护配置及投停情况，调度、运检、营销、供电所协同配合，确保站内、站外保护投停准确、操作同步，全面降低合环操作中的误动及拒动风险。

4. 馈线自动化功能投入不当，导致合环断路器自动跳开，解环断路器重合，转负荷失败

充分考虑馈线自动化故障判定依据及恢复非故障区域路径，投入临时FA策略，确保合环过程中，FA不会启动，避免干扰合环动作。

（五）典型案例

110kV青菏站10kV和圆线与35kV隆华站10kV李新庄线合环调电（见图4-9～图4-11、表4-1）。

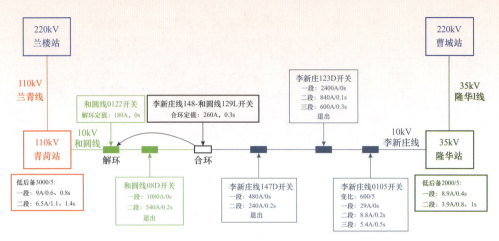

图4-9　10kV和圆线与10kV李新庄线拓扑图

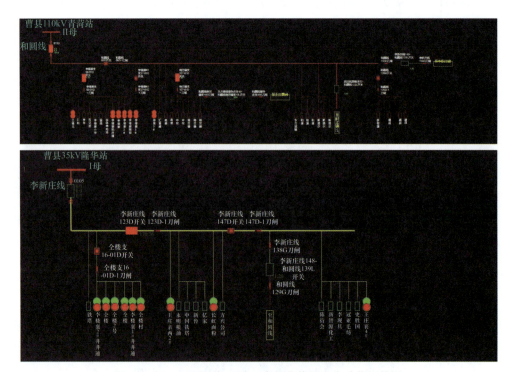

图4-10　10kV和圆线、10kV李新庄线配电自动化拓扑图

1. 环路模型

220kV兰楼站→110kV青菏站→10kV和圆线→←10kV李新庄线←35kV隆华站←220kV曹城站。

2. 计算合环电流

（1）220kV兰楼站→110kV青菏站10kV母线系统阻抗

$$Z_{1min} = 2.21 \times 0.11 = 0.243 \text{（}\Omega\text{）}$$

图4-11　合环电流测控装置图

表4-1　　　　　　　　　　　和圆线、李新庄线合环调电操作票

操作任务		隆华站：10kV李新庄线供和圆线负荷
注意事项		
1	青菏站	将10kV和圆线0122断路器保护由原定值修改为临时解环定值
2	青菏站	检查10kV和圆线0122断路器保护跳闸压板确已投入
3	青菏站	退出10kV和圆线0122断路器重合闸
4	隆华站	退出10kV李新庄线0105断路器重合闸
5	配电二次班	退出10kV和圆线08D断路器跳闸功能
6	配电二次班	退出10kV李新庄线147D断路器跳闸功能
7	配电二次班	退出10kV李新庄线123D断路器跳闸功能
8	配电二次班	投入10kV李新庄线148－和圆线129L断路器保护跳闸
9	调控运行班	合上10kV李新庄线148－和圆线129L断路器
10	青菏站	检查10kV和圆线0122断路器保护正确动作，完成自动解环
11	青菏站	将10kV和圆线0122断路器保护由临时解环定值切回原定值
12	青菏站	投入10kV和圆线0122断路器重合闸
13	隆华站	投入10kV李新庄线0105断路器重合闸
14	配电二次班	投入10kV和圆线08D断路器跳闸功能
15	配电二次班	投入10kV李新庄线147D断路器跳闸功能
16	配电二次班	投入10kV李新庄线123D断路器跳闸功能
17	配电二次班	退出10kV李新庄线148－和圆线129L断路器保护跳闸
剩余为根据电网运行方式调整保护及重合闸投退，完成停电设备检修操作等。		

（2）10kV和圆线为LGJ-240/30导线，站端至联络断路器10km，阻抗为

$$Z_{1XL}=10 \times （0.127+j0.348）=3.71（\Omega）$$

（3）220kV曹城站→35kV隆华站10kV母线系统阻抗为

$$Z_{2min}=3.858 \times 0.11=0.424（\Omega）$$

（4）李新庄线为JKLGYJ-240/30导线，站端至联络断路器11km，阻抗为

$$Z_{2XL}=11 \times （0.127+j0.348）=4.08（\Omega）$$

（5）环路阻抗为

$$Z=Z_{1min}+Z_{1XL}+Z_{2min}+Z_{2XL}=8.447（\Omega）$$

（6）0kV环路电压为

$$U=U_{1A} \angle 0° - U_{2A} \angle -30° = \frac{10.5}{1.732} \angle 0° - \frac{10.5}{1.732} \angle -30° = 3.14（kV）$$

（7）环路电流为

$$I = \frac{U}{Z} = \frac{3.14}{8.447}（kA）=371（A）$$

考虑1.5的可靠系数，得

$$I' = \frac{I}{1.5} = 247（A）$$

（8）根据近期负荷曲线，10kV和圆线负荷电流最大值满足

$$I_{max} \leqslant 150A$$

（9）10kV和圆线0122断路器解环定值应满足

$$150A < I_{解} < 247A$$

故将10kV和圆线0122断路器解环定值设为180A、0s。

3. 实际合环电流

（1）测控装置显示电流5.47A，变比为600∶5，则一次侧电流为

$$I_1 =5.47 \times \frac{600}{5} = 656（A）$$

（2）合环时负荷电流约为

$$I_2 \approx 100（A）$$

（3）实际合环电流为

$$I=I_1-I_2 \approx 556（A）$$

国网菏泽曹县供电公司在各专业全力配合下，10月27日凌晨2时15分，实现全市首次30°相角差10kV电网（110kV青菏站10kV和圆线与35kV隆华站10kV李新庄线）合环调电，用时"零"秒完成负荷转供，实现用户"零"闪停、负荷"零"损失。

这是在2022年5月曹县首次实现30°相角差35kV电网合环调电（0.2s）的基础上，取得的又一次突破、攻克的又一个难题。

第五章

配电自动化应用

案例1 扎实做好配网三级保护应用
与馈线自动化自愈提升
——国网青岛供电公司配电自动化提升典型经验

简介

　　本案例介绍了配网三级保护在配电自动化自愈中的作用，就近隔离故障区间，降低因用户或支线故障而造成的主干线故障跳闸，并通过10kV娄河线跳闸自愈举例，体现出三级保护在压降停电时户数中的重要作用。本案例适用于配电自动化发展较为领先地区或打造高可靠性区域试点。

一　工作背景

　　配网是连接千万用户的最后一公里，其坚强、智能程度将直接影响用户用能水平。配网的高速发展和承载的新使命，对配电自动化建设、运维、管理都提出了新要求。如何更加有效地降低配电线路故障跳闸率、减小全线停电对用户的不良影响、尽量缩小停电范围、精准定位故障区段、快速恢复送电以及提升供电可靠性，始终是配网运行管理部门不断研究、力争实现的目标。要想实现这个目标，可以从加强设备运维检修角度，及时消除隐患缺陷，避免故障的发生；也可以从继电保护的角度，通过合理设置线路断路器分级保护跳闸功能，实现"用户故障不出门、支线故障不进站、主线故障不全停"；还可以从故障跳闸发生后馈线自动化自愈的角度，实现故障区域快速精准隔离和非故障区域快速恢复送电。

二　思路和做法

（一）总体思路

　　坚持一条主线、强化两项能力、打好三个攻坚，即坚持以提升配电自动化实用化水平为主线，强化配电线路故障防御能力和故障自愈能力，抓好配电线路自

供电可靠性管理典型案例

动化标准化建设提升、配电自动化终端全面消缺、配网三级保护优化覆盖三个攻坚。

（二）典型做法

为了更好发挥配网三级保护的作用，解决部分线路关键节点缺少断路器继电保护功能配置的问题，开展了配网三级保护集中整改行动。

（1）通过新一代配电自动化主站系统单线图对配电线路进行逐站逐线梳理，梳理现场可以设置大分支保护或中间断路器保护的存量断路器。在一体化继电保护联网平台向调度提交相应保护定值单申请，获得核准批复后安排人员手持保护定值单进行了现场集中投压。

（2）总结形成配网三级保护配置固化模式，增量一二次融合断路器同步完成保护配置。对梳理过程中发现的线路关键节点不具备短路跳闸能力的负荷开关或者未安装断路器的情况，提报设备新建改造、更换计划，将一二次融合设备用到关键节点。

（3）综合运用现场教学、班组大讲堂、早晚例会等形式，定期组织班组一次、二次全口径员工参加配网三级保护培训，讲解配网三级保护概念、三级保护断路器的逐级配合方式、每级断路器三段式保护的整定计算目的，以及如何避免各级断路器发生误动、拒动、越级动作等内容，不断提升配网运维人员技能水平。

为更好发挥FA自愈的作用，将设备缺陷处理作为工作重点，加快终端离线、频繁掉线、遥控（预置）失败、直流系统二次回路异常、后备电源馈电等缺陷处理，持续优化网架结构，持续提升线路智能化联络率，将用户分界断路器、大分支保护断路器全部投入FA功能，对已实施变电站内小电阻接地保护改造的10kV线路全部完成稳态接地保护、零序分级保护并实现FA功能。

2022年7月1日，35kV娄山站10kV娄河线跳闸，全线共计24个公用、专用变压器用户停电。DA启动分析判断故障区间位于10kV娄河线9号断路器与10kV娄河线K15H01断路器之间，DA控分10kV娄河线9号断路器与10kV娄河线K15H01断路器成功，控合10kV娄河线3862断路器（站内出线断路器）与10kV娄河线K15H02断路器（联络断路器）成功，线路9号前段和K15H01后段共计9个公用、专用变压器用户快速恢复供电。同时由配电自动化系统根据线路设备终端上送的故障过电流告警信号准确判断出了故障区间，为现场故障查找缩小了范围，帮助抢修人员快速发现了娄河K12-2F05断路器后段用户配电室内部的短路故障点，共计节约停电时户数约20时户。

三　成效与展望

　　配网三级保护与馈线自动化自愈既可以就近隔离故障区间，降低因用户或支线故障而造成的主干线故障跳闸的情况发生，增强配网故障防御能力，又可以实现故障区域快速隔离与非故障区域恢复供电，对提升供电可靠性有着非常重要的作用。

案例 2　加强定值、台账管理，提升配电自动化应用水平
——国网济南供电公司配电自动化提升典型经验

简介

　　本案例主要介绍了通过线路自动化提升，缩小线路故障范围，缩小接地故障巡视范围，从而有效压降故障查找、抢修复电时间，进而提高供电可靠性的典型实践。本案例适用于自动化覆盖率不足、设备动作准确性不高以及配网标准化建设欠缺的区域。

一　工作背景

　　济南市市中辖区10kV线路237条，包括113条混合线路和124条线路，线路总长度为1403.63km。线路设备老旧，负荷开关型柱上断路器、环网柜存量很大，部分断路器型环网柜运行时间近10年，线路自动化水平较差。对二次设备缺乏必要的运行维护，大量二次终端装置已经过时却未及时更换，部分终端也因为凝露而锈蚀，无法正常使用。近年来，逐步开展智能化柱上断路器、环网柜更换，但对于断路器的保护定值、线路台账不够重视，管理不到位，调度下达的定值单是否合适没人核实，常出现分段断路器上下级配合不好的情况，导致越级跳闸，以及线路台账不准确导致下达的定值过小出现保护误动作。

　　第一个例子是10kV七政线HK02环网柜，内部为微机保护的断路器间隔，这种保护装置已然过时，而且由于之前长时间的凝露导致内部二次接线柱严重锈蚀，有误动作风险，而所带用户为重要用户，只能将保护退出，一旦下游发生故障将导致越级跳闸。这种情况已持续了数年，而且不是个例。第二个例子是2023年3月12日，九曲站10kV九英线7号杆分段断路器和20支1号杆分段断路器同时跳闸，无重合闸，故障系20支11号杆分界断路器东边相与中相落异物放电造成。如果两级断路器能够有效配合，只需要20支1号杆分段断路器跳闸就可以隔离故障，而之所以同时跳闸，是因为两级断路器相间保护的一段时限均为0.1s，也未投入重合闸，7

号杆分段断路器甚至未下达定值单。以上的问题导致了停电范围的扩大化，也给故障区间的判定带来了一定的影响。第三个例子是 2022 年 9 月 15 日，党六线 5 支 32 支 2 号杆导线搭落异物出现单相接地，由于分段断路器都未投入零序保护，无法判断故障区间，导致故障巡视时间超过 8h，使停电时间大大增加，也加大了人力物力的消耗。

二　主要做法

针对市中区现有线路自动化方面的问题，结合线路运行实际情况，主要从以下三方面提高配电线路的自动化水平，进而提高供电可靠性。

（一）老旧终端轮换、智能化设备更换

继续开展老旧环网柜、分支箱、柱上断路器更换，加装分界断路器，老旧二次终端停电更换和不停电更换的工作，2022 年新装（或更换）快速断路器 40 台，新装（或更换）环网柜 50 台，新增分界断路器 47 台。2023 年以来新装（或更换）快速断路器 28 台，新增分界断路器 16 台，更换（或新装）环网柜 37 台，完成 40 台老旧 DTU（数据传输单元）更换。通过储备城网、技改、大修项目，加大智能化柱上断路器、环网柜更换力度提升线路自动化水平，优化配网结构，提高供电可靠性。

（二）断路器保护定值梳理整定

针对之前出现多次的越级跳闸和保护误动作的情况，2023 年重点开展保护定值梳理工作，包括柱上断路器、环网柜以及断路器站、配电室内的开关柜的保护定值，着重解决将上下级保护定值配合不合理、无定值单、应投未投重合闸、配电室保护未投等历史遗留问题，现已完成全量核对和修正。将继续加强保护定值管理，深化配网分级保护配置，充分发挥一二次融合断路器设备保护功能，深化完善"出线＋分支首端＋分界"相间故障三级防御体系建设，实现一段保护时限线路分段断路器 0.15s 与 0.1s、线路分支断路器 0.05s、分界断路器 0s、同站内断路器 0.2s 时限良好配合。

（三）分段断路器投入零序告警

消弧线圈接地的变电站 10kV 出线，之前线路分段断路器的零序保护都是退出的，2023 年以来逐步将线路分段断路器投入零序保护告警，发生单相接地故障时有

助于判断故障区间，提高故障巡视效率，避免了盲目性查找故障，能够有效缩短单相接地故障停电时间。

三　工作成效

2021年1—11月底发生线路故障54次。全线故障停电28次，其中重合成功19次，重合不成功8次，接地试拉1次。支线故障跳闸26次，其中重合成功11次，重合不成功7次。月均线路故障4.9次，月均全线故障2.5次，月均支线故障2.4次。

2022年1—10月底发生线路故障31次。全线故障停电5次，其中3次重合成功，2次自愈成功；支线故障跳闸26次，其中重合成功10次，重合不成功16次。月均线路故障3.1次，月均全线故障0.5次，月均支线故障2.6次。

相比2022年，2023年的月均线路故障降低了36.7%，全线故障降低了80%。通过开展老旧终端轮换、智能化设备更换和断路器保护定值梳理整定，将原来的全线故障范围缩小为支线故障，将原来的支线故障范围缩小到分界断路器下游。通过分段断路器投入零序告警，缩小了接地故障巡视范围，减少了故障停电时间。通过提高线路配电自动化水平，供电可靠性大大提高。

案例3

"两三两七"四步法提升智能断路器安装进度
——国网潍坊昌乐县供电公司配电自动化提升典型经验

简介

　　国网潍坊昌乐县供电公司采用"两三两七"四步工作法，全面提升配网自动化断路器安装进度，保证作业现场安全管控。全市率先完成596台配网自动化断路器年度安装任务，实现了配网自动化升级，圆满完成配网自动化建设工作，故障自愈功能全投入，故障隔离、自愈能力显著提升，大大提升供电可靠性。

　　2022年8月26日，随着10kV丹河线65号杆加装配网自动化断路器工作的投运（见图5-1），国网潍坊昌乐县供电公司率先在全市完成596台配网自动化智能断路器年度安装任务，实现了配网自动化升级，全面助力居民用电可靠性。

图5-1　10kV丹河线65号杆加装配网自动化断路器

为确保该项工作的实施，国网潍坊昌乐县供电公司2023年初制定了新一代配网自动升级攻关行动，扎实践行"五个同频共振"，从四个方面确保了升级进度。

一　"两清"强管控，同频共振保安全

配网升级现场点多面广，抓好安全是首要任务，在落实好"五个同频共振"中，第一要做到安全学习培训"路径清"。各类安全文件即时上传下达，营造"严谨、负责、安全"的生产作业氛围，用实际行动带动每个人重视安全，让每名员工对作业安全心存敬畏。第二要做好事前风险点"掌握清"。对工作现场进行事前逐一分析，将带负荷安装配网自动化断路器风险点分析全、让每位作业人员掌握清。针对核相、TV接入及开断引流线前测流等关键节点，汇报负责人确认再作业，确保不安全不作业。

二　充实得力人才，组建带电"第三梯队"

合理统筹人员力量，打造好第三组带电作业力量，实现新取证3人，复证3人，从人员上支撑三、四类复杂作业开展。实际工作中，实现"老带新，比着干"，并不定期开展人人上讲台活动，推敲作业细节，安全着力细微之处，做到安全与实际工作同频共振，及时分析人员承载力，确保压力适当，动力充足。班组开展"带负荷开展配网自动化断路器"大讲堂的视频获省公司二等奖。

三　归纳"两原则"，高效推进工作计划

按照"先主线、联络断路器，后大支线"和"先急后缓"的安装原则，统筹推进配网安装工作计划。在及时完成消缺和业扩接入的同时，保持每月不低于40台配网自动化断路器安装任务，高效确保了施工安装进度。

四　做实"七方面"，标准工艺不断攀升

通过3次宣贯培训标准化安装工艺，从"电气设备安装顺序、接地、接线端子选型、断路器固定点"等七个方面入手，逐条进行明晰，让作业人员了解并掌握正确的安装步骤及工艺；同步做好安装监督，确保统一标准，实用美观。

国网潍坊昌乐县供电公司圆满完成配网自动化建设工作，累计安装配网自动化智能断路器640台，终端在线率持续保持在99%以上，配电自动化建设成效持续保持全市第一。推动配电自动化用好用实，故障自愈功能全投入，故障隔离、自愈能力显著提升，主线故障压降率为63%，大大提升供电可靠性，截至2023年10月供电可靠性达99.982%。

案例4 聚力配电自动化"点、线、面"提升，赋能电网可靠供电
——国网临沂平邑县供电公司配电自动化典型案例

简介

　　本案例主要介绍了配电自动化在配网故障防御能力提升及供电可靠性综合水平提高等方面的典型实践，在做精智能化调度控制、做强精益化运维检修、信息安全防护加固、提高供电可靠性等方面成效显著。聚力"点、线、面"多维立体优化，降低线路故障率、缩小故障范围，以配电自动化提质助推配网故障防御能力提升。本案例适用于配网发展基础综合治理，配网故障防御能力提升转型升级参考。

一 工作背景

　　国网临沂平邑县供电公司认真贯彻落实省公司、国网临沂供电公司配网故障防御能力提升工作部署，持续夯实配网发展基础，以"做精智能化调度控制，做强精益化运维检修，信息安全防护加固"为目标，超前谋划管控机制，精心编制工作方案，进一步规范10kV线路断路器及配套二次设备选型，降低线路故障率、缩小故障范围，聚力"点、线、面"多维立体优化，以配电自动化提质助推配网故障防御能力提升。尤其是在新一代配电自动化建设和应用过程中，注重与配网故障防御工作的融合，通过标准化模式实现主图模数据共享，通过设备异动实现与PMS系统贯通，通过智能配电变压器终端实现向低压延伸，配网运行和供电可靠性得到有效提升。

二 主要做法

　　国网临沂平邑县供电公司秉承"人民电业为人民"服务理念，围绕"一流现代化配网"建设目标，在配电自动化建设、运维等多方面持续发力，通过"点、线、面"的全面发力、层层覆盖，有效的提高配网自动化、智能化水平，为提升配网故障防御能力提供基础支撑。

（一）网架标准化建设"铺开面"

"要搞好配电自动化，首要任务就是把配网基础设施建设好、布局好、优化好"，国网临沂平邑县供电公司在配电自动化建设方面分两步走。

1. 配电线路标准化配置全达标

按照主线路至少智能三分段、大支线首端全部安装断路器、联络断路器全部自动化标准，2021年3月至12月，累计新装智能断路器124台、改造非智能断路器62台。建设过程中，管理专业统筹考虑电网网架、负荷分布和转供能力等，反复开展现场勘查、方案研讨，力求设计规划科学、设备布局合理。在具体实施中，为减少用户停电，优先采取带电作业方式开展新装或更换；无法带电作业完成的，结合配电线路检修、运行方式调整，充分利用停电机会完成建设任务。

2. 配电线路网架建设全联络

梳理问题清单、任务清单27条，安排专班专人逐项落实项目可研、投资计划。2020—2022年，累计实施完成联络工程建设相关项目18个、资金投入7872余万元，新建改造10kV线路245.39km、新增分段、分支断路器52台，联络断路器27台。2022年6月，全面完成全县范围内10kV线路全联络建设任务，比原定计划提前100天。配电线路网架全联络的实现，为提升供电可靠性奠定了坚实的基础。

（二）数据准确化治理"画好线"

配电线路发生故障后，配电自动化系统启动FA，需要根据配电线路拓扑关系研判故障区间、隔离故障、转供负荷，配电线路图形和台账的完整性、准确性是配电自动化系统实现该功能的核心。国网临沂平邑县供电公司在10kV线路图形和台账核查治理中，采取"治存量、控增量、两手抓"的手段。

1. 对系统现有图模完成核查治理

由10kV线路专门负责人现场落实杆塔、变压器、柱上断路器等设备位置和挂接关系，并严格按照现场情况绘制10kV线路单线图，配电自动化主站运维人员对照单线图修改配电自动化系统DAS图形及相关台账，实现存量图实一致。

2. 严抓新增设备异动流程

强化内控管理，工程建设、检修运维、配电自动化各专业完善协同机制，涉及新建线路、设备投运等，全部通过线上工作流传递，各环节专门负责人严格把关，确保增量设备的配电自动化系统状态与现场一致。

（三）设备精益化运维"管好点"

在配网网架建设达标、系统数据治理准确后，如何抓好现场自动化终端的运行维护、保障设备可靠稳定运行，成为配电自动化真正发挥作用的关键点。为此，国网临沂平邑县供电公司在自动化终端运维业务上，建立了"纵向联动、横向协作"工作机制，进一步规范了自动化设备调试、消缺等流程，确保设备不带病运行。

1. 管好源端全过程统筹

电力调度控制分中心作为自动化设备运行的"观察员"，每日对配电自动化主站终端开展系统巡视，分析各类告警信号、异常信息等，并以工单的形式派发至终端管理人员，对缺陷研判分级后，由终端运维人员完成现场落实、消缺。

2. 管好带电支撑保障

对于不停电无法处理的TV无电等缺陷，与带电作业建立互动，予以优先开展配合消缺。建立自动化终端缺陷库，实行待办缺陷"登记入库、预警督办、完成反馈"，实现闭环管理。结合配电线路计划检修，常规化开展配电自动化终端"三遥"试验，确保有问题早发现，避免"关键时刻不能用"的问题。

三 工作成效

国网临沂平邑县供电公司从注重设备选型入手，选用具备零序电流、零序电压采集功能的设备，积极地为实现故障自动定位、精准隔离和非故障区段快速自愈创造了条件，通过配电自动化一系列提升措施实施，在关键性、持续性、系统性下功夫，配电线路故障防御能力大幅提高，降跳闸、保供电成效十分显著。经统计，2023年以来，国网临沂平邑县供电公司变电站10kV出线跳闸率较2021年同比下降74.23%，供电可靠率提升至99.9677%，故障停电时户数较2021年同比压降51.46%，为用电客户可靠供电、社会经济发展提供了强力保障，供电可靠性水平进一步得到提升。

做强"843"配电自动化实用化管理，提升供电可靠性水平

案例 5

——国网枣庄供电公司配电自动化提升典型经验

简介

　　本案例主要介绍了配电自动化建设、应用方面的典型实践，涵盖主站、分级保护配置、低压透明化、管理提升等方面。案例以加强配电自动化主站、线路标准化、通信网等八个方面基础建设为前提，以深化主站实用化、作业数字化等四个方面为抓手，以提升指标、人才、管理三方面水平为目标，最终实现配电自动化专业管理和实用化应用水平本质提升。本案例适用于市县公司配电自动化专业建设管理，对充分发挥配电自动化功能、提升供电可靠性有积极作用。

一　工作背景

　　国网枣庄供电公司坚持"1135"新时代配电管理思路，配电自动化专业管理"加强八个建设、提升四个水平、构建三个体系"。即以加强配电自动化建设为基础，开展配电自动化实用化水平提升，构建配电自动化专业管理体系，实现配电自动化专业管理和实用化应用水平本质提升。

二　思路和做法

（一）进一步加强配电自动化建设

1. 持续加强新一代自动化主站实用化应用

　　完成新一代配电自动化系统主站终端现场校核工作，深入推进新主站实用化应用，顺利通过省公司新一代配电自动化主站实用化验收。加强增量设备异动图模管控，提高基础数据质量。持续加强遥控使用，实现自动化设备操作全遥控。深化有

248

源配网故障处置、重要用户保供电、变电站（母线）失电一键转供、网架智能分析等功能应用，提高主站运行管控水平。贯通Ⅰ区主站系统和调度自动化系统，以及集控站系统，实现变电站出线侧断路器控制，支持馈线自动化全自动执行。不断完善Ⅳ区系统建设，通过物联管理平台实现各类二遥终端、物联传感设备安全接入，贯通Ⅰ区、Ⅳ区数据交互通道，实现Ⅰ区、Ⅳ区数据的实时共享。

2. 持续加强配电线路标准化建设

根据《国网山东省电力公司配电自动化系统建设指导意见》（鲁电设备〔2020〕60号），结合配网现状，滚动修编配电自动化建设"一线一案"。按照"控增量、消存量"的原则，新增配网设备按照"同步规划、同步设计、同步建设、同步投运"的原则，全面采用一二次融合标准化配电设备，同步具备三遥功能，提升线路标准化配置覆盖率；重点推进剩余74条未达标线路自动化标准化建设，安装一二次融合断路器387台、一二次融合环网柜90台，提升配电线路自动化标准化配置水平，2022年，配电线路自动化标准化配置率达100%。

3. 持续加强线路三级保护建设

推进配网保护与配电自动化融合，推广"出线＋分支（首段）＋分界"三级保护配合模式，建设配网第二道防线，提升配网故障防御能力，实现"用户故障不出户，线路故障不进站"，提升配网供电可靠性及服务水平。新建线路应同步实施配网保护与配电自动化，与配电一次网架"同步规划、同步建设、同步投运"。所有客户T节点位置应有跌落式熔断器或分界断路器保护措施，严禁客户资产设备无保护接入公司资产线路。存量线路，以现有设备现状及馈线自动化模式为基础，逐步改造，应以线路故障高的大分支线、末端分段断路器加装或更换断路器为主方式改造，保留现有主干线集中型、电压型馈线自动化功能不变，实现"出线＋分支首端＋分界（跌落式熔断器）"三级保护配合。10kV配电架空线路三级保护覆盖率达100%。

4. 持续加强单相接地建设

依据《山东配网馈线自动化与断路器接地故障保护配合策略》（鲁电设备〔2021〕453号），按照"可靠供电"与"快速处置"兼顾的原则，针对集中型馈线自动化实现方式，合理配置配电线路接地故障分级保护模式，充分发挥一二次融合断路器设备单相接地故障保护功能。馈线自动化与接地故障保护有效配合，保护动作后由馈线自动化实现故障自愈。开展110kV巨山变电站10kV小电阻接地方式下接地故障保护配置，实现接地故障就近快速切除，实现接地故障就近快速处置与自愈恢复，2022年线路接地分级保护（三级及以上）配置覆盖率达100%，覆盖线路接地故障保护动作准确率达90%。

5. 持续加强台区低压感知能力建设

加快台区智能终端边缘设备安装进度，推进营配数据贯通，安装台区智能融合终端10352台，实现全市公用变压器运行状态实时监测覆盖率100%。推进台区终端实用化应用，深入挖掘边缘计算功能，深化低压用户停电主动研判、三相不平衡监测治理等业务应用。在中兴世纪城等台区探索5G等通信技术应用，进一步提升数据传输的准确性、实时性。

6. 持续加强光伏并网接入建设

结合整县分布式光伏试点工作，推动政府出台《枣庄市分布式光伏建设规范（试行）》文件，加强光伏接入、验收管理，引导分布式光伏有序、平衡发展。挖掘分布式光伏"可观、可测、可控"典型做法，安装光伏断路器36194台，提升分布式光伏源端测控能力，加强建设区内数据监测分析，开展过电压客户并网治理，消除光伏并网运行带来的安全检修、故障隔离的问题，切实提升配网对分布式光伏的消纳、平衡调节和安全承载能力。通过台区智能融合终端与光伏逆变器建立通信，并进行柔性控制，在台区出现重载情况时，台区融合终端对光伏逆变器下达降低功率指令，在台区发电功率低时，对光伏逆变器下达上浮功率指令，在滕州姜屯镇庄里西村成功实现了台区分布式光伏就地自主柔性调节。

7. 持续加强配电状态监测体系建设

打造配电能源互联网状态感知生态圈，聚焦地下配电室水浸监测、重要森林防火、线路绝缘监测、智能电缆井盖等技术应用，实现对重点部位、重要通道、重要生命线的全景状态感知，提升抗灾预警能力。建设枣庄市人才公寓物联网智能配电室，安装监控摄像头、智能温湿度监控装置、烟感监控装置、门禁检测装置、水浸监控装置、智能断路器、智能除湿机等7个前端智能检测设备，搭建配电室智能辅助监控系统，实现配电室状态量、环境量监测。充分利用智能装置市场广泛优势，打造一条成本低、实用强、推广快的物联网智能配电室建设新路。

8. 持续加强配电通信网建设

电缆网优先采用光纤通信方式，架空线路优先采用无线通信方式，接入生产控制大区的终端通信方式以光纤为主、加密无线通信为辅，结合业务需求适度延伸配网光纤覆盖面，按照同步规划，同步敷设原则，实现光缆与电缆同步建设。完善梯级防护体系，坚持"安全分区、网络专用、横向隔离、纵向认证"总体原则，深化"一防入侵终端、二防入侵主站、三防入侵一区、四防入侵主网"的新一代配电自动化系统梯级防护体系建设。

（二）进一步提升配电自动化实用化水平

1. 发挥主站研判功能，提升系统可用性

主站自动分析终端缺陷，建立基于终端在线情况、遥测品质位、上下游遥测不匹配、遥信抖动的终端状态评估方法，利用系统主站自动分析配电终端缺陷；推广状态操作分析模式，应用"做早操""遥控预置"等设备状态操作，排查"三遥"断路器与通信通道隐患；推广"一故障一分析"管理模式，配电线路跳闸一动作一分析，结合故障后的配电自动化动作情况，故障事件"回头看"，及时发现并消除配电自动化隐患。

2. 提升一、二次设备健康水平

建立"现场+远程"相结合的终端运维机制，通过工单驱动主动运维消缺，确保断路器及终端"在线必可用"。结合停电检修计划，对停电范围内的三遥设备开展检修试验工作，试验工作前做好安全措施，确无合于带电运行设备风险后，方可开展停电随检试验。加强终端维修项目管控，加强全市配电自动化备品管理，对运行8年以上或具有家族性缺陷的部分终端315台、2G/3G通信模块、频繁故障终端板卡、运行超6年蓄电池等二次设备进行综合维修治理，对机构卡涩拒动的环网柜、柱上断路器等一次设备进行同步维修、更换，实现一、二次设备联动消缺，全面提升配电自动化设备健康水平。

3. 提升环网柜健康水平

完成767台环网柜巡视，建立起统一、完善的环网柜设备运行台账。严控增量环网柜验收关，开展环网柜到货验收和投运前验收，确保210台新上环网柜零缺陷投运。综合考虑环网柜接带用户重要程度、环网柜运行工况，将环网柜保护全检工作列入停电计划工作内容，高效开展环网柜二次系统全检，完成环网柜DTU、面板式馈线终端（FTU）三遥和保护试验，并带一次断路器传动。每年开展一轮环网柜专项巡视工作，各巡视内容覆盖一次设备、二次设备运行情况，以及环网柜防凝露、卫生环境等。构建环网柜运行工况评价体系，对环网柜运行状况进行科学、全面评价，对环网柜维修、退运做出专业评判。培养一支理论知识扎实、专业技能过硬、实战经验丰富的人才队伍，切实提升国网枣庄供电公司环网柜配电自动化终端运维水平。

4. 提升数字化业务应用水平

依托终端设备集中快调工场，促进配电终端联调作业从"人工操作"向"自动操作"转变，实现主站与终端现场联调作业标准化、自动化。深化"i配网"配电自动化业务应用，实现终端投退运、设备缺陷管理、调试验收、主动运维抢修等流程全部线上流转，建立配电自动化全业务数字化管理体系，深度挖掘数字化工单价值，实现全自动作业、全在线办理、全过程留痕，为一线班组赋能减负。

（三）构建配电自动化专业管理体系

1. 构建实用化指标管控体系

充分发挥配电自动化专业运行指标导向作用，厘清指标弱势短板，推动配电自动化实用化应用，打造配电自动化"五率"指标评价体系，设置终端在线率、终端遥控应用情况（包含遥控使用率、遥控成功率）、馈线自动化动作情况（包含FA启动率、FA动作成功率）、线路标准化配置率、遥信动作正确率等5项指标，评价自动化实用化应用水平，督促指标弱势单位整改提升，打牢自动化实用化基础。

2. 构建完备的自动化管理制度体系

完善管理制度，结合新型配电系统建设要求，修编完善自动化建设、运维、应用、评价制度。打造"1+5"管理模式，以带电作业中心配电二次运检班为核心，5个供电中心协同发力，共同承担配电二次管理。厘清带电作业中心与供电中心责任分工，进一步明确配电自动化运维管理规范、配网调度图形模型规范、配电终端缺陷管理规定、配电终端定值管理规范等，持续加强配电自动化管理。

3. 构建配电自动化专业人才队伍

依托带电作业中心配电二次运检班，加强配电二次专业管理，加强二次专业技术引领。组建配电二次运检专业团队，团队共有职工7人，下辖7个自动化运维小组，共计39人。编制《国网枣庄供电公司配电二次运检专业100个为什么》等培训教材，制定核心业务技能提升培训计划，充分利用云讲堂、直播等形式，灵活、高效开展核心业务培训。常态化组织配电自动化管理和技术人员培训、交流，每年组织一期配电自动化运维人员技能鉴定，加强配电自动化专业队伍建设，着力培养配网复合型人才。为加强国网枣庄供电公司环网柜配电自动化终端日常运行维护，成立环网柜配电自动化终端运维评价专班，全面负责环网柜日常巡视、消缺、检修、退运评价等工作，以运维评价促专业提升。

三　成效与展望

通过加强"843"配电自动化实用化管理，提升供电可靠性管理实践，国网枣庄供电公司配电自动化管理水平得以明显提升，全省首家建成配电智能终端设备集中快调工场，首座物联网智能配电室建设和姜屯镇庄里西村台区分布式光伏就地自主柔性调节控制等新高地建设工程相继建成。国网枣庄供电公司配电自动化新一代主站实用化应用进一步强化，完成387台一二次融合断路器及90台一二次融合环网柜安装，国网枣庄供电公司线路标准化配置率提升至96.83%、三级保护覆盖率提升至94.46%；配电线路故障自愈率达到90%；全面推广馈线自动化与接地故障保护配合策略，一二次融合断路器覆盖线路单相接地故障定位准确率达90%；安装台区智能融合终端10352台，实现全市公用变压器运行状态实时监测覆盖率100%。

第六章

不停电作业应用

市县一体"零停电"改造保障可靠供电能力
——国网青岛供电公司带电作业典型经验

案例1

简介

  本案例介绍了一座35kV变电站10kV开关柜更换,通过复杂旁路作业方式实现10kV负荷割接,变电站改造"零停电",适用于变电站整站改造参考。

一 工作背景

  国网青岛供电公司即墨35kV长直变电站投运于1988年,10kV开关柜运行已超过20年,近年来设备老化严重,缺陷隐患事故频发,难以保障设备可靠运行,急需更换新设备。如果按照常规方式开展变电站停电改造,将造成停电时户数3900时户,减少供电量55万kWh。

二 思路和做法

(一)总体思路

  为提升供电可靠性水平,确保停电期间用户无感知。国网青岛供电公司组织专家会商,决定采用旁路带电作业技术完成即墨35kV长直变电站10kV负荷割接,实现变电站改造"零停电",不影响10万余户居民正常用电。

(二)典型做法

  国网青岛供电公司与国网青岛即墨区供电公司采取市县一体区域协作方式,开展带电作业割接负荷,联合实施现场勘查,综合考虑地域、人员等综合因素,决定以旁路带电作业方式完成电缆引线T接。受场地限制,本次作业采用绝缘脚手架作为承载平台进行带电作业。35kV长直变电站一次主接线见图6-1。

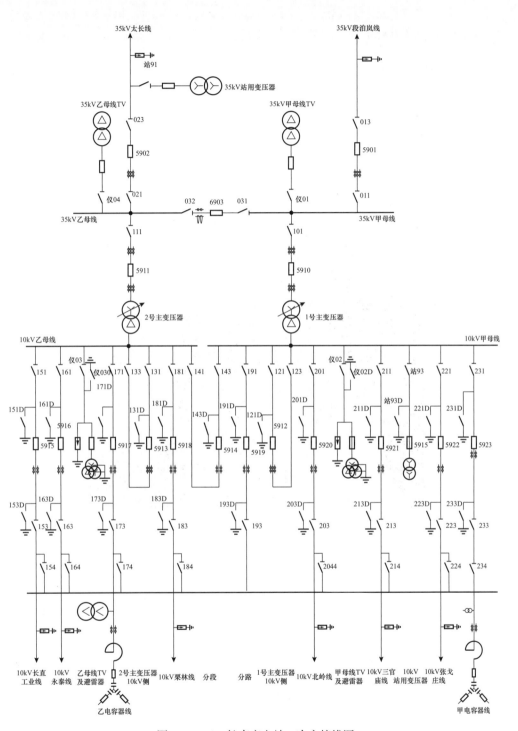

图6-1　35kV长直变电站一次主接线图

根据现场勘查结果，10kV长直工业线、10kV永泰线、10kV栗林线、10kV北岭线、10kV三官庙线、10kV张戈庄线负荷转接通过旁路断路器跨接绝缘支架作业法完成带电接架空引线、带电拆临时电缆工作，6条出线由临时开关站切改至站内10kV开关柜供电。

带电跨接前，核对带电作业旁路断路器与跨接电缆两端相色标识正确且一一对应，旁路断路器试验合格且操作灵活无卡涩。联系调控中心，核实10kV长直工业线电流控制在150A以下。用10kV旁路断路器及带电作业跨接专用电缆在站内线路侧跨接10kV长直工业线和10kV栗林线，并做好绝缘防护，长直站改造现场见图6-2。

图6-2　35kV长直站改造现场

作业步骤：合上10kV旁路断路器；拉开临时断路器站10kV长直工业线断路器；拆除长直工业线临时电缆，重新压接线路侧引线设备线夹，与长直工业线站内出线电缆螺栓连接且做好绝缘防护；合上站内10kV长直工业线5915断路器；拉开10kV旁路断路器，拆除10kV长直工业线旁路断路器线路侧跨接线，并用绝缘带做好线路断口处绝缘防护；10kV长直工业线带电转负荷工作完成；随后依次完成10kV永泰线、10kV栗林线、10kV北岭线、10kV三官庙线、10kV张戈庄线负荷转移。

三　成效与展望

　　通过市县一体区域协作，利用绝缘脚手架、旁路作业装备完成35kV长直站10kV负荷割接，实现了开关柜改造负荷"零损失"，有效促进市县带电作业技术、装备交流，提高复杂项目带电作业能力，拓展带电作业应用范围。下一步，国网青岛供电公司将继续深度挖潜复杂带电作业，以"带电＋发电"手段持续压降计划停电时户数，有力提升供电可靠能力。

案例2 35kV开发变电站10kV开关柜改造工程
——国网济南济阳区供电公司带电作业典型经验

简介

　　本案例主要介绍了联络转供、不停电作业、微网发电组合的方式在解决变电站改造过程中实现线路"零停电"、用户"零感知"的典型实践，在可靠性管理、频繁停电管控、优质服务提升等方面成效显著，既能如期完成电网升级改造、电力迁改、停电检修等工作任务，又能保证客户可靠供电，应用系统思维、组合拳开展电力工程建设和不停电作业。本案例可为城镇、农村地区电网升级改造、电力迁改、停电检修等工作提供参考，助力提升配网供电可靠性。

一　基本情况

　　35kV开发区变电站于1996年投运，10kV设备为JYN2-10型开关柜，10kV断路器和隔离开关额定容量小，设备老化，隔离开关、断路器故障频发，不符合十八项反措要求，且35kV开发区变电站担负着济阳区域的居民用电、工业用电。随着民营个体企业的快速发展和家用电器的日益普及，该站负荷增长迅速，急需改造。本期计划拆除JYN2-10开关柜16面，新增和更换KYN28-12中置型铠装移开式金属封闭型10kV开关柜18面。

二　方案优化

　　35kV开发变电站为济阳中心城区主要供电变电站，本次需配合停电6条配电线路供电用户密度大，停电对居民的正常生产生活影响较大。为全力压降停电范围，国网济南济阳区供电公司提前2个月组织城区供电中心、配网建设班、带电作业班进行了4次现场勘查和3次专题分析（见图6-3），研究相关典型案例和作业方案，最终确定了通过"负荷转供＋微网发电＋带电作业"的作业方式，实现施工期间全站负荷全部转接，变电站改造"零停电"。下面结合具体线路，对方案优化说明如下。

当前已具备互联互带条件的线路有10kV开三线、10kV开政线、开南线3条线路，10kV开东Ⅰ线、10kV开东Ⅱ线、10kV开西线3条线路尚无联络，且10kV新龙线无法接待10kV开南线全部负荷。在35kV开发变电站改造施工前完成10kV开南线与10kV湖王线联络工程；10kV开东Ⅱ线与10kV湖祥线联络工程；10kV开东Ⅰ线与10kV兴河线联络工程3条新建联络工程。10kV开西线与10kV湖镇线联络工程因市政规划原因，暂无法实施。

负荷具体切改方案：10kV开南线转至新龙线负荷约1900kW（110A），转至湖王线负荷约1200kW（70A），联络转接负荷后，带电作业解除2号杆引流线。10kV开东Ⅰ线将全部负荷转至10kV兴河线联络，联络转接负荷后，带电作业解除3号杆引流线。10kV开东Ⅱ线将全部负荷转至10kV湖祥线联络，联络转接负荷后，带电作业解除3号杆引流线。10kV开三线将全部负荷转至10kV湖新线联络，联络转接负荷后，带电作业解除2号杆引流线。10kV开政线将全部负荷转至10kV兴河线联络，联络转接负荷后，带电作业解除2号杆引流线。10kV开西线在2号杆接入1台1800kW中压发电车，采用"微网"不停电作业方式保证线路正常供电。

图6-3　国网济南济阳区供电公司现场勘查

 三　主要成效

本次"负荷转供＋微网发电＋带电作业"综合不停电作业，累计开展带电作业15次，微网发电作业1次，出动1台1800kW中压发电车和2台绝缘斗臂车，35kV开发区变电站改造负荷切改"零停电"，158个用户（20个公用变压器台区、138个专用变压器台区）"零感知"，实现了供电可靠性管理水平和优质服务的双提升。

带电联络转供　全面优化停电方案

——国网淄博供电公司带电作业典型经验

简介

　　本案例主要介绍了带电作业在解决配电设备检修、消缺等问题中的典型经验，在提升供电可靠性、降低客户停电感知、配网检修施工向不停电或少停电作业模式转型等方面成效显著，围绕本质安全和优质服务两个核心，遵循"能带不停"原则，实现配网带电作业管理与技术能力全面提升。本案例适用于带电作业条件允许的情况下开展的各类配网检修、施工工作。

一　工作背景

　　2022年9月，淄博市淄川区张博路电力迁改工程正式开始建设施工，该工程涉及10kV架空线路入地改造10余条，新建电缆线路29.53 km，环网箱59台，工程建设周期长、影响范围广。按照初期方案，10kV玻璃厂线在线路迁改期间，24D分段断路器后段负荷由于无法转供，所带18个中压用户全停，产生停电时户数432时户。

　　为最大限度缩短用户的停电时间，国网淄博供电公司淄川供电中心坚持"能转必转、能带不停、先算后停、一停多用"的工作原则，经过多次方案优化，最终确定通过带电加装联络断路器提前将24D分段断路器后段负荷进行转供的优化方案，该方案通过合环调电的方式，在不停电的前提下实现负荷转供，实现了检修零停电、用户零感知、负荷零损失，有效提升了在电力迁改过程中区域电网的供电可靠性。

二　主要做法

　　针对10kV玻璃厂线的实际情况，国网淄博供电公司淄川供电中心组织相关技术人员进行现场勘查，发现10kV玻璃厂线末端的55号杆与里鑫Ⅰ线7号杆仅距离几十米，且两条线路之间无障碍物，不存在进地协调问题，具备良好的联络条件，可实现由里鑫Ⅰ线转带玻璃厂线24D断路器后段负荷。

为确保实现不停电的目标，必须采用带电作业的方式加装联络断路器，但由于现场空间狭小，绝缘斗臂车无法进入，国网淄博供电公司淄川供电中心采用带电作业绝缘脚手架作为主绝缘进行带电接火作业，解决了现场空间条件的限制，在保障作业人员安全的前提下，实现了不停电加装联络断路器（见图6-4）并接火，为保障张博路电力迁改工程期间10kV玻璃厂线24D后段负荷的不间断供电奠定了基础。

图6-4　10kV玻璃厂线加装联络断路器

三　主要成效

通过带电加装联络断路器进行负荷转供，对停电方案进行全面优化，实现了张博路电力迁改工程期间10kV玻璃厂线全线零停电，可压减停电时户数432时户，对提升区域电网的供电可靠性产生了较大的积极作用。

聚焦"一河两路"市政迁改，压降停电时户数
——国网淄博供电公司带电作业典型经验

简介

　　本案例主要介绍了负荷转供、多种带电作业、防外破手段等措施在解决配网迁改工程停电范围大、时间长等问题中的典型经验，在优化停电计划、施工方案，强化现场和质量管控，减少预安排停电时间和范围等方面成效显著，从配网施工过程中的不同方面出发，反复推敲停电的必要性、停电范围和工期合理性，以最大限度压降停电时户数为目标，不断优化施工方案。本案例适用于停电范围大、时间长的配网检修、迁改等工作。

　　2020年，国网淄博供电公司淄川供电中心针对"一河两路"市政迁改工程，积极响应市国网淄博供电公司压降停电时户数、提高可靠性的工作要求，多次组织现场综合勘察，一线一案，采取一切可利用的方法、措施，将压降停电时户数工作做到极致。

　　"一河两路"市政迁改工程涉及停电线路27条，按照初期方案，将影响时户数2971时户，经过多次方案优化，最终确定施工方案仅影响时户数760时户，较最初方案压降时户数2211时户。

一　采取临时拉手措施，优化停电方案，将非迁改区域负荷进行转供

　　10kV奎山Ⅰ线、美顺线、新丽线、工业Ⅱ线、昆配线金城支线、化工线、龙佳线、东关联络线"非迁改区段"最初没有拉手点，不具备实现负荷转供条件，经过多次现场勘察，确定最佳施工方案，通过带电作业临时进行线段拉手改造，将非迁改区段负荷提前转供。

供电可靠性管理典型案例

二 提升带电作业水平，采用多种带电作业方式，辅助推进方案实施

（1）研制绝缘线旁路引流专用线夹，采用旁路作业法，在奎山Ⅰ线、奎山Ⅱ线47号杆加装一二次融合断路器（见图6-5），优化线路分段结构，增加负荷转供开断点，将47号杆负荷侧用户提前转供，减少停电时户数230时户。

图6-5　加装一二次融合断路器

（2）带电作业对奎山Ⅰ线、美顺线、新丽线、工业Ⅱ线、昆配线金城支线、化工线拉手联合断路器进行安装。

（3）借用输电工区带电作业蜂窝梯（见图6-6），处理无法使用带电作业车、缘平台的奎山Ⅱ线5号杆弓子线接头发热缺陷，为转供金城化工企业大负荷用户奠定基础。

图6-6　带电作业蜂窝梯

（4）带电作业更换10kV玻璃厂线、黄家铺线12号杆（见图6-7），消除电杆横向裂纹危急缺陷，对比停电施工更换电杆，减少停电时户数296时户。

图6-7　带电作业更换10kV玻璃厂线、黄家铺线12号杆

（5）自2020年4月27日起，针对"一河两路"市政迁改工程，分中心共计实施各类带电作业135次，保障了各项压降停电时户数优化方案的实施。

三　架设新线路，新、老线路共同运行，带电转移负荷

10kV龙佳线、查乡线、东关联络线、松龄东线、松龄南线、松龄西线、联络Ⅰ线，带电新建龙佳线淄矿北路支线与蒲家线星火支、东关联络线和新开线两处联络，优化调整后来线和查乡线联络方式，实现7条线路负荷全部转供。提前敷设新电缆线路，与旧线路同时运行，采用带电作业方式，将用户逐个割接至新线路，损失时户数0时户，7条线路共带高压客户114户，公配台区40个，对比停电施工割接用户，减少停电时户数1232时户。

四　采取施工会战，压减停电时长

每次停电提前3天组织设备管辖班所、核心施工队伍在分中心会议室进行方案

讨论，对于承载力不足的班所、施工队，从其他班所、施工队抽调业务骨干，测算工程量与施工力量匹配，精准提报停电计划、压缩停电时长。

五　加强市政迁改防外破盯防，避免外力破坏故障影响

自3月中旬起，鲁泰文化路和松龄路每日开展6人次，累计366人次的巡视、盯防、蹲守，切实做到与"两路"施工单位同进同出，现场严格按照当面通知、签订安全协议、探测标记、人工挖样洞、现场蹲守五步工作法施工，工程施工期间未发生10kV线路外破跳闸事件。

案例5 "中压发电+带电"实现检修线路末端负荷不停电
——国网济宁供电公司带电作业典型经验

简介

本案例主要介绍了国网济宁供电公司开展"中压发电+带电"综合不停电作业解决辐射线路部分检修时，客户无法转供电问题的典型实践，在客户零停电、零闪动情况下实现了负荷无缝切换至发电车接带，为线路停电检修创造了条件，进一步拓展了综合不停电作业的手段，具有良好的社会效益。本案例适用于城市地区检修工作，其他类似工作可作参考。

一 工作背景

随着电力在社会生产生活中的渗透率逐渐提高，整个社会对供电可靠性的要求也逐渐提高，为减少甚至消除线路等设备检修对用户用电的影响，带电作业专业应运而生，然而在单回线路停电检修等情况下依然存在因停电线路末端负荷无法转供而停电的问题，影响用户正常生产生活。

二 主要做法

（一）总体思路

为了解决上述问题，采取"能带不停、能转不停、能旁不停、能发不停"的总体思路，通过搭建临时旁路、发电车接入、临时转接负荷等多种方式接带负荷。

（二）执行过程

采取"带电作业＋负荷转供＋旁路作业＋'微网'发电作业"的梯级递进解决方案，必要时通过多种作业方式综合作业，确保停电检修线路末端负荷不停电。

2020年7月23日，设备管理单位在巡视供电线路过程中，发现10kV湖苑Ⅰ、Ⅱ线双回转角水泥杆存在电杆上端露筋等老化问题，对所承载线路的运行安全及附近人员车辆的通行安全构成较大威胁，急需更换。由于10kV湖苑Ⅱ线农场分支末端接带东方御园小区，周围无其他线路可做取电点，停电检修将对小区内居民生活造成严重影响。为保障小区居民正常生活用电，经过多部门联合现场勘察，决定采用"微网"发电作业方式接带东方御园小区全部负荷，而后对线路前端开展紧急停电消缺。由于线路接入点无分段断路器，故将10kV湖苑Ⅰ线电源断开，由10kV湖苑Ⅱ线通过配电室内高压开关柜备用间隔独立供电，并依托备用间隔实现正反向检同期并网。首先使用电缆中间接头接续柔性电缆，展放1号电缆至高压开关柜备用间隔，同时展放2号同期检测电缆至10kV湖苑Ⅱ线架空线路下方；再次检查中压发电车、高压开关柜及柔性电缆等无问题后，使用1号电缆将高压开关柜与发电车11间隔连接，使用2号电缆将架空线路与发电车12间隔连接；检查连接无问题后，在发电车内部建立通流旁路，检测通流正常后，断开高压开关柜备用断路器；启动中压发电车，检同期后实施发电车并网，并逐渐提高发电车供电功率至与负荷相当，短时运行无问题后断开发电车12间隔断路器，解除电源侧供电，建立无市电输入的"微网"供电系统。线路检修结束后，通过"微网"反向同期并网、发电机组退出运行、合闸高压开关柜备用断路器、退出旁路、收回电缆设备等完成整个"微网"发电作业任务，保障线路检修期间用户全程"无感知"。

三　成效与展望

（一）通过开展"中压发电＋带电"作业，取得了显著的成效

（1）停电检修线路接带用户"零停电"。先后在10kV湖苑Ⅱ线、10kV马亭线、10kV田林线等检修线路开展"中压发电＋带电"作业，实现线路停电检修期间用户用电"零感知"，保障了东方御园小区、远东工商外语大学等多个重要用户的正常生产生活用电。

（2）线路检修灵活性大幅提升。"中压发电＋带电"作业方式的引入，实现了在用户不停电的条件下开展线路检修，减少了与用户沟通环节的复杂度，可以更灵活安排线路检修时段。

（二）为灵活开展电网检修、保障可靠供电提供了更高效的选择

（1）未来实现线路检修"零停电"。通过负荷转供、发电作业等方式杜绝检修

线路对用户用电的影响。

（2）未来实现线路检修"即时办"。对于线路巡视中发现的缺陷等问题可以灵活开展"即时"检修，防止线路"带病"运行、等机会检修引发大规模停电事件。

（3）未来实现用户用电"零闪失"。通过带电作业方式叠加中压发电车检同期功能将负荷在市电与电源车之间"无缝"切换，保障用户用电"零闪失"。

不停电作业降低停电感知度，提升电网供电可靠性

——国网临沂郯城县供电公司带电作业典型经验

案例6

简介

本案例主要介绍了配网不停电作业对供电可靠性提升的典型实践经验，在高可靠性供电区域打造、带电作业综合检修、创新技术融合、带电抢修作业等方面成效显著，通过多种途径提升带电作业覆盖率，开展不停电作业的综合性提升。本案例适用于城镇、农村地区带电作业推广应用，配网综合检修升级参考。

一　工作背景

带电作业是指在高压电气设备上不停电进行检修、测试的一种作业方法。带电作业不仅可以减少供电区域停电范围，降低停电时户数消耗，提升供电可靠性，也为配网精益化运维提供强有力支撑。

国网临沂郯城县供电公司为提升配网设备供电可靠性，营造良好的用电环境，遵循"能带不停"原则，广泛开展带电作业，凡能通过不停电作业开展的建设、改造、检修、消缺、抢修、业扩等工作，原则上不安排停电作业。

二　特色做法

（一）敢于擎旗争先，打造不停电示范县

1. 打造第五单元网格、庙山镇等4个高可靠性供电区域

2021年，国网临沂郯城县供电公司通过深入摸排区域电网现状，找全问题、找准根源，围绕"一目标、二压减、五提升"八个方面，制定针对性措施，开展高可靠性区域打造行动。集中带电作业精锐力量，以点带面，配合实施线路智能化改

造121km，带电拆除冗余联络线路25处，建设双电源小区16个，通过带电作业及更换联络点等方式，完成联手非智能断路器改造，确保区域内全部配电线路具备自愈转供能力；对重过载、接带重要客户等重点线路常态开展带电检测，隐患发现一处，消缺一处，保障客户安全供电。截至2022年，第五单元网格、庙山镇等4个高可靠性供电区域实现线路跳闸压降56%，故障自愈率提升至100%，供电可靠性提升0.135%。

2. 全面实施带电作业综合检修

2022年国网临沂郯城县供电公司全面开展带电作业综合检修，检修内容覆盖线路绝缘化改造、防雷改造、断路器加装、隔离开关拆除、局部绝缘化等多项综合工作，带电综合检修计划年度累计超过35条次，占计划停电总数的73.33%。带电作业技术发展日新月异，国网临沂郯城县供电公司将在三年内逐步取消停电计划，打造不停电示范县。

（二）敢于创新争先，提升带电作业覆盖面

国网临沂郯城县供电公司充分依托葛世杰创新工作室，紧密结合企业实际，以创新为核心，以项目课题研究与应用为载体，前瞻性研究新材料、新技术、新工艺和新设备在生产上的开发和应用，由创新工作室组织相关人员开展科研攻关和技术创新。

1. 实施"无人机+带电作业"

2022年依托配电智能巡检系统，常态化开展无人机巡视，发现线路损伤、绝缘子裂纹等不可见缺陷169处，通过带电作业紧急消缺158处，消缺率达到96.49%，保障了设备安全运行。

2. 实施"自动化+带电作业"

2020年县域内线路智能化断路器不足百台，标准化线路占比未超过60%。2021—2022年带电作业全面助力配电自动化专业，带电加装智能断路器215台，全市率先实现线路联络率、$N-1$通过率、标准化配置率均为100%。

3. 实施"机器人+带电作业"

2020年12月11日全省县域内首次实现双臂机器人带电引线搭接工作，2021年7月19日全省县域内首次开展双臂机器人带电安装接地挂环工作，截至2022底共开展机器人作业16次。带电机器人作业不仅大大提升了作业效率，减轻了作业人员的劳动强度，更重要的是最大限度地保障了作业人员的人身安全。

（三）敢于攻坚克难，实施抢修不停电

为践行"不停电就是最好的服务"，落实"再快一分钟"抢修理念，在全县范

围内开展带电抢修工作。为克服地形、环境因素的制约，带电作业人员因地制宜开展"绝缘脚手架作业""蜈蚣梯带电作业"，实现了全地形适用。2021—2022年，带电抢修810次，其中"绝缘脚手架作业"455次，"蜈蚣梯带电作业"355次。国网临沂郯城县供电公司通过不断完善补强带电作业设备，充实作业人员力量，加强专业培训，增强员工技能水平，提升带电作业"全时段、全类型、全区域"工作能力。开展微电网发电不停电作业，实现四类作业全覆盖，进一步拓展带电作业的深度和广度，实现带电作业常态化，稳步实现"少停多供""增供扩销"的经济效益和供电优质的社会效益。

三 工作成效

国网临沂郯城县供电公司秉承努力超越、追求卓越的国网精神，创新带电作业方式，不断提升不停电作业水平和不停电作业地区覆盖率，深刻践行"不停电就是最好的服务"的承诺，努力提升客户服务质量，降低人民群众停电感知度，提高电网供电可靠性，打响带电作业品牌形象，赢得社会广泛认可。2022年以来，国网临沂郯城县供电公司开展不停电作业1735次，增供电量235.66万kWh，产生经济效益约68.55万元；10kV配电线路故障跳闸自愈率较2021年提升55.66%，供电可靠性提升至99.9683%，故障停电时户数同比压降52.83%，为电网安全健康运行提供可靠保障，为人民可靠用电提供坚强后盾。

案例7

"全业务不停电"提升供电可靠性
——国网德州武城县供电公司带电作业典型经验

简介

　　本案例主要介绍了推行带电作业、应用新技术、破解新难题、创造新服务，既对电网进行了改造维护，又保障了企事业单位和居民的正常用电，将带电作业运检模式深化到配网工程建设中，降低了客户停电感知度，全面提升供电可靠性管理水平。本案例适用于城镇、农村地区配网工程建设参考。

一　工作背景

　　随着电力体制改革、服务经济社会高质量发展，主动应对社会各界对于供电可靠性提出的越来越高的要求，尤其是重大活动保电、热点敏感地区供电、重点保障项目建设等对不间断供电越发强烈的诉求。国网德州武城县供电公司为落实省公司"一个龙头、两项重心、三个着力点"的供电可靠性管理总体思路，以提升供电可靠性为目标，降低用户停电感知度，将带电作业运检模式深化到配网工程建设中，全面提升供电可靠性管理水平。

二　思路和做法

　　110kV运河站10kV新明Ⅱ线新建工程为项目，工程投资93万元，新建10kV架空线路1.4km，改造10kV架空线路1.05km。此工程为解决10kV新明Ⅰ线线路重过载问题，该工程的实施将彻底解决线路用电供需矛盾，优化城区网架结构。

　　10kV新明线是武城城区重要供电线路之一，承载着3个小区、970户居民以及34家单位的供电。若按常规施工方式，此工程需停电2天，影响时户数740时户。为践行"不停电就是最好的服务"理念，国网德州武城县供电公司多次组织现场勘察，优化施工方案，最终确定采用带电作业方式更换后段20基线杆和铁件，仅停电进行导线更换作业。将原计划16h的停电时间缩短至7h，降低了客户停电感知度。利用1天时间带电更换3—7号共计5基线杆，4辆带电作业车协同作业，工作时间8h。

为顺利推进配网工程建设，减少停电时户数，国网德州武城县供电公司积极成立"三个项目部"，以"少停、慎停、能带不停"为原则，近几年来，配合配农网工程累计进行带电作业561次，多供电量101.91万kWh，减少停电时户数9.74万时户，减少用户平均停电时间14.3h/户，业扩不停电接入率100%。

三　工作成效

配网不停电作业正是以实现用户不中断供电为目的的国际先进企业通行做法，通过采用带电作业、旁路作业等方式对配网设备进行检修作业，是提升供电可靠性和优质服务水平最直接、最有效的重要手段。国网德州武城县供电公司秉承"不停电就是最好的服务"理念，坚持客户至上，根据客户服务痛点、热点，精准发力，充分发挥配网不停电作业巨大作用，持续降低客户停电感知度，提升服务质效，当好公司与客户"连心桥"的"最后一块砖"，实现"始于客户需求，终于客户满意"，用"最好的服务"助力营商环境优化。

国网德州武城县供电公司落实"不停电就是最好的服务"要求，积极推行带电作业，应用新技术，破解新难题，创造新服务，既对电网进行了改造维护，又保障了企事业单位和居民的正常用电，为全县经济社会发展提供了坚强的电力支撑。

多旁路综合不停电作业助力配网工程不停电
——国网德州供电公司带电作业典型经验

案例8

简介

　　本案例主要介绍了通过"联络+旁路""带电+停电"的方式开展多旁路综合不停电作业，解决了配网工程多日停电施工期间对三条线路所带客户停电、沿线农灌的影响，用实际行动证明了"不停电就是最好的服务"理念。本案例虽然实现了"客户零停电、负荷零损失"目标，但具有一定的特殊性，复杂性程度较高，在具体实施过程中需反复论证作业的安全性和可实施性。

一　工作背景

　　10kV砖厂线投运于1999年，随着经济的不断发展，沿线用电量也在逐渐增多，目前所带26个台区、92个高压用户，同时电力线路、设备存在不可避免的老化问题，使得配网中部分线路存在超载或重载运行的情况。为了从根本上消除安全隐患，满足日益增长的可靠供电需求，需新建10kV镇北线，由10kV镇北线分担4个台区、14个高压用户，以此来平衡10kV砖厂线供电压力。

二　问题分析

　　10kV镇北线新建工作涉及10kV砖厂线、乐屯线、为民线三条线路，停电施工，将损失大量负荷，如何实现10kV砖厂线20—29号杆单回改双回线路"零停电"成为此项工作能否顺利进行的头号难题。

　　问题一：若停电进行，将累计停电62个用户，时户数472时户，并且正值灌溉季节，投诉风险过高，并且将会严重影响当地居民的正常生活。

　　问题二：若要带电进行，这也是国网德州供电公司首次开展"配网工程不停电综合作业"，面临经验不足的难题。

问题三：支线多，同时工作为单回线路改双回线路，恢复供电时，相序核对困难。

问题四：工作地段邻近高压杆塔，带电作业时，存在绝缘斗臂车离高压杆塔距离过近难题。

问题五：不停电进行线路改造，需同时进行带电断接空载电缆、旁路作业、直线杆改耐张杆并加装柱上断路器等工作，带电工作任务重。

问题六：10kV砖厂线20—29号杆区段内共有5条支线，同时将5条支线负荷转供出去存在困难。

三 技术措施

（1）为了消除停电对用电用户的影响，拓宽优质服务思路，决定采取带电的方式进行10kV镇北线新建工程。

（2）为了克服经验不足的问题，带电作业中心联合项目管理中心多次组织现场勘查，进行会议探讨，并编制了配网工程不停电综合作业指导书，对现场典型问题进行了层层梳理，最大程度弱化经验不足的问题。

（3）为了解决相序核对困难的问题，提前与运维单位进行沟通核实，并要求运维单位再次现场测量相序，确保恢复供电时不出现相序问题。

（4）为了解决邻近高压杆塔的问题，输电运检中心提前来现场进行风险评估，并制定了安全措施。同时，运维单位对地面进行硬化，增大带电作业路面，尽量在作业时远离高压杆塔。

（5）带电中心提前进行内部协商，整合部门内所有员工，将带电力量向该工作倾斜，减轻带电作业压力。

针对各支线转供，对所有可行的方案进行了比较，具体如下。

1. 方案比较

（1）联络转供负荷。借助已有的电网构架，通过线路联络转移负荷，达到在用户负荷不停电的条件下，完成线路改造。但此种作业需满足目标杆后段线路有联络或分支线路有联络，且后段负荷容量满足线路联络的要求。

（2）绝缘引流线旁路作业法。通过绝缘引流线将检修设备同相两侧短接，在设备外形成一个通过设备电源侧—引流线—设备负荷侧构成的稳定电流回路与设备并联。在检修设备时，通过引流线使负荷电流流通，保证线路的正常供电。绝缘引流线旁路法具有设备轻巧、操作简单、工作量小等优点。值得注意的是，随着电网的不断发展，借助绝缘引流线开展旁路作业的弊端不断凸显。线路负荷两侧线间距一

第六章 不停电作业应用

般较大，如果同相导线分布位置不同，有可能出现引流线长度的不足问题。同时绝缘引流线旁路作业不具备自动核相功能，存在引流线搭接设备两侧相位不一致造成相间短路的隐患，并且由绝缘引流线组成的旁路接触电阻较大，可能产生拉弧现象，引发更大的事故。这种方法仅适用于结构简单、装置可靠的架空线路作业。

（3）旁路负荷开关作业法（见图6-8）。采用柔性电缆、快速插拔接头、旁路负荷开关在故障或待检修架空线路附近快速搭建一条临时旁路供电电缆线路，通过操作旁路负荷开关，将电源引入旁路供电电缆线路，保持对用户的不间断供电。旁路负荷开关作业法增大了作业空间，减少了大量的复杂遮蔽工作，同时旁路断路器具有核相和分、合功能，可避免相序不一致、拉弧、带负荷断接引线等危险情况，提高了旁路作业的效率和安全性，同时配合快速插拔T型插头，可同时向整个电缆分支用户正常供电。但旁路负荷开关作业法要求作业点两侧电杆均为耐张杆，同时需投入大量的人力、物力及装备。这种方法适用于绝大多数的架空耐张线路带负荷更换线路或设备的作业。

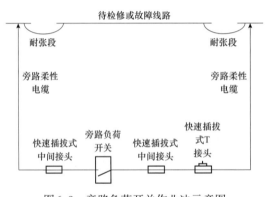

图6-8　旁路负荷开关作业法示意图

（4）电缆不停电作业法。电缆不停电作业法与旁路负荷开关作业法类似，通过采用旁路负荷开关和柔性电缆组成一套旁路系统，配套使用快速插拔式中间接头，任意展放旁路柔性电缆的长度，灵活机动地解决不同长度电缆故障及故障线路中变压器、环网柜、电缆分支箱等设备不停电检修问题，但电缆不停电作业需要投入更大的人力及装备，同时对电源接入点、电缆敷设环境、施工场地等关键点要求较高。这种方法适用于电缆、环网柜、变压器等电缆线路的带负荷更换工作。

通过分析，10kV镇北线新建工程涉及3条主线路、5条支线，同时段作业点多，施工场地大，需同时解决5条支线的供电问题，并连续运行4天。为了最大程度地保证安全，最大限度减少停电时间，决定采取"联络+旁路""带电+停电"的方式进行，在满足联络条件的线路上，通过线路联络完成线路转供，在不满足联络条件的线路上，开展多旁路配网工程不停电综合作业，其中旁路部分由旁路负荷开关作业法与电缆不停电作业法相结合进行，10kV砖厂线20—29号杆施工示意图见图6-9。

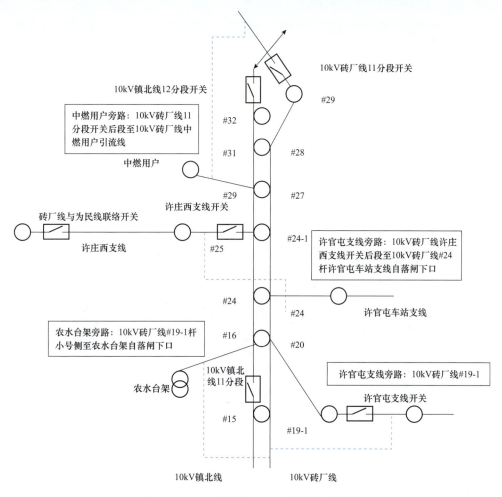

图6-9 10kV砖厂线20—29号杆施工示意图

2. 施工方案

通过现场勘查，确认许庄西支线满足联络转供负荷条件，中燃支线、许官屯车站支线、农水台架、许官支线没有联络线路，需通过旁路的方式实现待检修区段线路不停电。

许庄西支线：合上10kV砖厂线与10kV为民线联络断路器，由10kV为民线转供许庄西支线所带负荷。

中燃支线：负荷由10kV砖厂线11分段断路器后段至10kV砖厂线中燃支线，通过电缆不停电作业法搭建旁路进行供电。

许官屯车站支线：负荷由10kV砖厂线许庄西支线断路器后段至10kV砖厂线24

号杆许官屯车站支线自落闸下口，通过电缆不停电作业法搭建旁路进行供电。

农水台架：负荷由 10kV 镇北线 11 断路器南侧至农水台架自落闸下口，借助旁路电缆车搭建旁路的方式进行供电。

许官屯支线：负荷由 10kV 镇北线 11 断路器南侧至许官屯支线断路器负荷侧，借助旁路电缆车搭建旁路的方式进行供电。

5 条支线通过带电作业转供出去之后，将主线路停电，在带电侧做好绝缘遮蔽后，由施工单位在"主线路停电、支线不停电"的条件下，高质量高效率地完成 10kV 砖厂线 20—29 号杆单回改双回工作，现场施工图见图 6-10。

图 6-10　10kV 砖厂线 20—29 号杆现场施工图

四　创新成效

（1）电缆不停电作业法对电源接入点要求较高，为了能就近搭建旁路，减少电缆敷设长度及柔性电缆快速插头使用数量，通过新装断路器的方式，新增供电节点，解决了电源接入点距离远导致的停电范围大的难题。

（2）电缆不停电作业时，需要多次投切旁路设备，电缆的投切相当于合闸与分闸操作，在操作的过程中可能产生操作过电压的问题，而操作过电压的大小是影响带电作业安全的主要因素之一，所以电缆不停电作业务必与旁路负荷开关或其他保护装置配套使用。

（3）在进行旁路作业时，存在作业人员误碰运行状态下的旁路负荷开关、柔性电缆等设备情况，务必要做好旁路系统保护接地措施。

（4）进行电缆不停电作业时，一定要对线路的负荷情况作出具体的分析，尤其是在电路电流的考虑上，不能超出旁路系统的规范和标准，尤其是针对过载运行的问题要在源头上解决。并且一定要在线路断开之前，将一部分负荷进行转移，尤其在断口位置有一定的安全隐患，存在拉弧风险。

（5）旁路作业法在专业领域属于第四类带电作业，技术难度较高，相比普通带电作业需要动用成倍的作业人员和车辆，并且应对旁路电缆接头开展实时状态监测，配套可视化监测装置，对电缆接头处温度和电流进行24h实时监测，在出现异常时，第一时间给出预警。

（6）首次开展多旁路配网工程不停电综合作业，打破了原有的停电作业模式，通过多部门联合作业，有助于加强各部门之间的交流沟通，优化协作流程，高质量高效率完成复杂作业，并综合开展各类型带电作业，规范了作业流程，同时为之后的配网工程不停电改造积累了宝贵的经验，用实际工作验证了配网工程不停电综合作业的可行性。

（7）创造性地编制了《配网工程不停电综合作业指导书》，对重点环节、关键节点进行梳理规范，针对作业流程、防范措施和工器具、装备使用等环节做出详细的指导说明，实现配网工程不停电综合作业生产的科学化、标准化和程序化。

（8）通过开展多旁路配网工程不停电综合作业创造的效益可分为直接效益和社会效益。直接效益为国网德州供电公司减少的电量损失，改造全程"零停电"、负荷"零损失"的目标，多供电量达18万kWh，不停电作业化率得到明显提升；社会效益为多供电量给厂家、用户和地方财政带来的效益和创造的社会财富。

（9）拓展了配网运维管理新思路，开展多旁路配网工程不停电综合作业，可实现对架空、电缆线路、配电设备（环网柜、电缆分支箱等）进行不停电抢修，大大提高架空、电缆线路的运维水平，同时为重要活动保电、临时取电提供新手段、新思路。

（10）提升了优质服务水平，开展多旁路配网工程不停电综合作业，大大缩小了停电范围，降低了停电对居民生产生活的干扰，解决了停电检修与不间断供电的矛盾，附近居民对此次线路改造满意度较高。特别在于对重大政治活动、敏感地区用电作用更加显著，国网德州供电公司优质服务明显提升，树立了良好的社会形象。

（11）提高了作业效率和安全水平，开展配网工程不停电综合作业，可减少计划停电中一系列倒闸操作，降低了误操作、带电挂接地线等意外事故的发生概率，提高了安全生产水平。

五　适用项目

多旁路配网工程不停电综合作业可适用于：

（1）两环网柜间电缆线路不停电（短时停电）检修作业。

（2）环网柜、分支箱的不停电检修作业。

（3）临时取作业。采用旁路作业设备，从就近的架空线路、环网柜、可带电插拔电缆分支箱临时取电；从架空线路临时取电给环网柜供电作业；从架空线路、环网柜、可带电插拔电缆分支箱临时取电给移动箱变车供电作业。

（4）大型配网工程如线路新建、架空改电缆、单回线路改双回线路等涉及停电用户多的工作。

（5）重大活动、重要会议、敏感地区的保电与应急抢险活动。

六　研究展望

（1）根据国家电网有限公司《10kV旁路作业设备技术条件》（Q/GDW 249—2009）中的有关标准，横截面积不超过50mm^2，这通常适用于不超过200A负荷电流的旁路系统中，而在实际线路中线路负荷已大幅度超过了旁路设备的额定电缆，需要研究出更大载流量的旁路设备，完善设备制造工艺，逐步由常规电缆代替柔性电缆开展旁路作业。

（2）通过"转、切、带、发"综合不停电作业法逐步取代以往的以停电方式进行的配网工程。转：通过网络构架，将施工段负荷进行转移，不影响待停电检修设备所带负荷；切：对于大型的配网工程，通过"大事化小"的原则，将长线路分割，分时分区开展带电作业；带：对于无法进行负荷转移的用户，通过带电作业方式实现用户的不停电；发：对于不具备带电作业条件的工作，利用中低压发电车对用户进行供电。

（3）采用"旁路+发电车""旁路+移动箱变车"相结合的方式，利用中压发电车解决10kV线路无联络、搭建旁路困难的难题，利用低压发电车解决低压客户无法转供的难题，利用移动箱变车替代配电室运行，彻底解决中低压线路、设备检修造成的停电问题。

（4）多旁路配网工程不停电综合作业的成功开展，为检修工作提供了新的思路，实现了从大面积停电检修到暂时停电、不停电的本质变化。这是完善配网不停电作业的必要环节，也是降低配网设备计划停运率、提升供电可靠性和优质服务水平的重要途径。

案例9 改进绝缘承载工具实现复杂环境配网不停电作业
——国网滨州供电公司带电作业典型经验

简介

　　国网滨州供电公司部分县（区）配网线路复杂多样，邹平多山，沾化多树，难以在无法用车环境下开展带电作业，国网滨州供电公司结合县（区）作业环境与线路特点，将三种传统绝缘承载工具改进创新，形成阶梯式绝缘平台、分节式绝缘蜈蚣梯、延长板式绝缘脚手架等多种绝缘承载工具的综合互补应用。改进后的三种绝缘承载工具更加方便快捷，适用于农田、果园、房屋密集、配电室室内或房顶等特殊作业环境，对提高作业效率、节省人力资源、提升"全地形"作业能力等方面成效显著，解决了无车环境带电作业难题，为配电线路的抢修节省了时间，保障了供电可靠性。

一　工作背景

　　随着省公司"一流配网"建设管理工作方案的提出，全面开展配网设备不停电作业成为配网坚强可靠运行的有力保障，"能带不停"已经成为县域配网检修的基本原则，但县域配网不停电作业现场多为果园、农地，车辆受限无法进入现场，缺少适用的绝缘承载工具导致无法带电作业，是大部分县域不停电作业化率偏低的主要原因。

二　思路和做法

（一）总体思路

　　创造性改进传统的绝缘承载工具，采取多种方式推广应用。建立专业组织保障体系提供体系保障，基于绩效考核形成多种激励措施，提高作业人员积极性，采取

"摸、选、培、竞"四步法培养专业技术团队，实现市县区域内作业全覆盖，切实保障供电可靠性。

（二）主要做法

1. 创造性改进三种绝缘承载工具

传统的绝缘承载工具具有配件较多、运输困难、作业人员活动空间较小、安全系数较低等众多缺陷，无法适用于复杂的现场环境。国网滨州供电公司针对此类问题，反复摸索、操作，发挥头脑风暴，创造性改进三种绝缘承载工器具，突破各类绝缘承载工具的使用限制，打破了作业环境壁垒。

（1）阶梯式绝缘平台。传统的绝缘平台无法快速实现作业高度的切换，并且缺少防踏空的围栏，不仅欠缺灵活性，且工作人员的作业风险系数较高。而改进后的阶梯式绝缘平台通过阶梯式结构完成作业高度的两级（每级20cm）的快速切换，经由前端抱箍处的控制杆实现水平180°的旋转，两侧设置了三角形的围栏防止作业人员踏空，造价仅万余元。

（2）延长板式绝缘脚手架。国网滨州供电公司在绝缘脚手架应用过程中，需要二次移动的作业295次，占总应用数的64%。绝缘脚手架大都搭建在农田或房屋密集处，虽然传统的脚手架带有可移动式的滑轮，但是地面的实际情况往往不满足移动的条件，作业范围不足。而新型绝缘脚手架具有拓宽脚手架上端作业半径的延长板（约1m），增加的作业半径可为每项工作的顺利完成提供足够的作业空间，一次组立即可完成整个带电作业工作，大大节省了人力和时间，提高了工作效率。

（3）分节式绝缘蜈蚣梯。传统的绝缘蜈蚣梯长度固定，作业高度无法调节，欠缺灵活性。分节式绝缘蜈蚣梯具有5、3、2m等不同规格，可根据作业高度，选择所需要的节数，架设时，4~8人配合操作4个方向的拉线，与线路方向水平起立，起立后，设置上下两层8根拉线，保证蜈蚣梯的稳定，配套绝缘蜈蚣梯使用的踏板，能够有效减轻长时间作业对人员脚部的影响。

2. 建立专业组织保障体系

（1）制度保障体系。国网滨州供电公司在工具应用过程中，编制典型作业标准化作业演示流程2个，拍摄标准化作业全流程视频11个，修编《复杂环境下使用新型绝缘承载工具的配网不停电作业指导书》，共计2大类、8小项作业，在全市各县（区）逐步应用，并根据现场作业人员的反馈及时修正。国网滨州供电公司在向县（区）全面推广应用改进型绝缘承载工具的阶段，制定《滨州供电公司改进型绝缘承载工具管理制度》，明确配网不停电作业的发展方向，坚持"市县协作，全域覆盖"的作业模式，总结了对改进型工具开展"专业化、集约化、一体化"管理的实施方法，为三种改进型绝缘承载工具的管理提供了制度保障。

（2）组织保障体系。成立不停电作业领导小组，管理组、监督组，各实施小组等部门，加强复杂环境下10kV配网不停电作业的人力资源保证，为三种改进型绝缘承载工具的管理及顺利推广应用提供组织保障。

3. 绩效考核

各单位辖区内作业，统一要求，根据作业类型、作业分工对复杂环境下10kV配网不停电作业人员给予相应的资金补助，激励配网人员应用改进型绝缘承载工具从事复杂环境下配网不停电作业，提高复杂环境下配网不停电作业人员基数，发掘培养基层人员中能够掌握三种改进型绝缘承载工具的相关人才。

制定《复杂环境下10kV配网不停电作业工作质量公示考核制度》《基于改进型绝缘承载工具的配网不停电作业工作量定额管理办法》，对通过改进绝缘承载工具完成的任务精细计分，进行绩效二次分配，提高职工应用改进型绝缘承载工具进行复杂环境下配网不停电作业的积极性和主动性。

4. 人才培养

通过"摸、选、培、竞"的"四步法"，打造基于改进型绝缘承载工具进行复杂环境下配网不停电作业的专业技术团队。率先通过大数据，进行人员"摸（底）"与"选（拔）"，将改进型工具的掌握人员从带电作业班扩展到涵盖供电所的各级运检人员，由原来的自愿申报培训，转变成为主动推荐培训。积极组织基于改进型绝缘承载工具进行配网不停电作业劳动竞赛，以赛促练，调动员工主动性，激发员工潜力，达到专业技能水平精益求精的目的。

三　工作成效

国网滨州供电公司结合各县（区）作业环境与线路特点，对绝缘平台、绝缘蜈蚣梯、绝缘脚手架等传统的绝缘承载工具进行创新性改造，改良后的三种绝缘承载工具更加方便快捷，适合特殊作业环境（农田、房屋密集、配电室室内或房顶），在提高作业效率、节省人力资源等方面成效显著，共同解决无车环境作业难题，为配电线路的抢修节省了时间，保障了供电可靠性。形成省公司重点转化推广项目2项，获得省公司优秀质量管理成果1项，获得国家实用新型专利2项，在全省范围进行推广应用。

35kV岳程庄站升压改造负荷可靠转供
——国网菏泽供电公司带电作业典型经验

案例10

简介

　　本案例主要介绍了在变电站整体改造升级的情况下，通过"带电+转供"综合施策，变电站接带全部10kV线路负荷均实现可靠转供，最大限度减少客户停电影响。本案例可广泛适用于城镇、农村地区变电站整体改造升级或站内母线检修，站外10kV线路负荷需转供的情况。

一　工作背景

　　35kV岳程庄站建设于1992年，位于菏泽市城区北部，广州路与北外环交叉口往南约500m，广州路东侧100m。目前有35kV主变压器2台，容量为10+20MVA，35kV设备及主变压器户外布置，10kV设备户内布置。本工程在原站站址上进行原地升压，升压为110kV变电站，不需要征地。岳程庄站2020年最大负荷为22.8MW，开工时间为2021年年底，预测最大负荷为25.5MW，现已配出10kV线路7回，分别为石堂线、闫庄线、孔楼线、庞王庄线、桑海线、北洼线、张集线，由于35kV岳程110kV升压工程需要在原站址内重建，施工前需将站内所有设备拆除，10kV负荷需要进行转供，35kV岳程庄站改造前D5000接线图见图6-11。

二　实施方案

　　35kV岳程庄站升压改造期间，需要10kV线路负荷转供7条，为石堂线、闫庄线、孔楼线、庞王庄线、桑海线、北洼线、张集线，均属于城东供电中心管辖，具体联络情况见表6-1。

　　由此制定了详细负荷转供方案如下。

　　（1）10kV张集线（2021年最大负荷约5.5MW）的部分负荷约1.8MW由其拉手

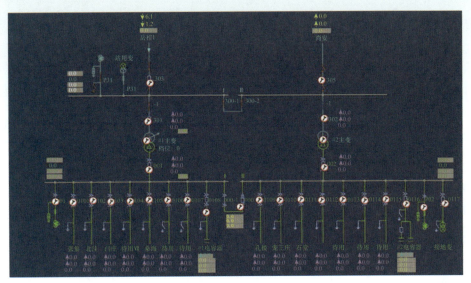

图6-11　35kV岳程庄站改造前D5000接线图

表6-1　　　　　　　　　　　　　七条线路联络情况

序号	变电站	线路名称	联络线路	对侧变电站	是否具备合环条件
1	岳程庄站	张集线	长广Ⅲ线	长城站	是
2	岳程庄站	孔楼线	长广Ⅳ线	长城站	是
3	岳程庄站	闫庄线	河东Ⅱ线	黄河站	是
4	岳程庄站	桑海线	长泰线	长城站	是
5	岳程庄站	石堂线	上海Ⅱ线	黄河站	是
6	岳程庄站	庞王庄线	骆屯线	侯集站	是
7	岳程庄站	北洼线	化工Ⅱ线	侯集站	是

线路10kV北赵线来接带，其余负荷改接至10kV长广Ⅲ线（最大负载率约52.1%）。方式调整：10kV长广Ⅲ线与10kV张集线合环后，拉开张集线站内断路器，带电作业在1号塔处断开电气连接。

（2）10kV孔楼线（约2.6MW）改接至10kV长广Ⅳ线（最大负载率约27.7%）。方式调整：10kV长广Ⅳ线与10kV孔楼线合环后，拉开孔楼线站内断路器，带电作业在1号塔处断开电气连接；孔楼线与庞王庄线合环后，带电在1号塔处断开电气连接。

（3）10kV闫庄线（2021最大负荷约1.8MW）负荷通过其拉手联络线路10kV河东Ⅱ线全部接带。方式调整：闫庄线合环调至河东Ⅱ线后，拉开闫庄线站内断路器，可停闫庄线03A闫庄断路器，停电公用变压器2台。

（4）10kV桑海线负荷（约2.8MW）调10kV长泰线（最大负载率约25.0%）供

287

电。方式调整：桑海线合环调至长泰线后，拉开桑海线站内断路器和05A信程断路器，无变压器停电。

（5）10kV石堂线负荷调10kV上海Ⅱ线供电。方式调整：10kV石堂线合环调至10kV上海Ⅱ线后，拉开石堂线站内断路器，可停石堂线11A石堂断路器，停电公用变压器2台，专用变压器2台。

（6）10kV庞王庄线负荷（约2.1MW）调10kV骆屯线（最大负载率约31%）供电。方式调整：庞王庄线合环调至骆屯线后，拉开庞王庄线站内断路器和10A河西断路器，无变压器停电。

（7）10kV北洼线负荷调10kV化工Ⅱ线供电。方式调整：10kV北洼线合环调至10kV化工Ⅱ线后，拉开北洼线站内断路器，带电作业在1号塔处断开电气连接，无变压器停电，35kV岳程庄站改造后D5000接线图见图6-12。

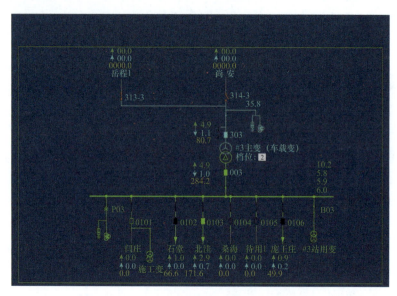

图6-12　35kV岳程庄站改造后D5000接线图

三　工作成效

为配合35kV岳程庄站升压改造工作，国网菏泽供电公司城东供电中心积极主动，与带电作业中心、变电分公司等部门多次联合现场勘察，对转供方案优化再优化，通力合作，共同商讨，通过合环调电、带电作业配合掐火、配出新线路接带等方式，仅消耗时户数48时户，完成了7条配电线路的负荷转供工作，大大降低了用户停电感知，转供期间未出现频繁停电或投诉工单，圆满地完成了35kV岳程庄站升压改造线路负荷转供工作。

"带电作业 + 微网发电"实现不停电改造线路
——国网莱芜供电公司带电作业典型经验

简介

　　本案例主要介绍了通过"带电作业 + 微网发电"实现不停电改造线路，减少用户停电范围的典型实践，以中压发电车为基础，构建"微网"发电作业体系，组建临时供电"微网"，实现了配电线路全业务全场景下的客户停电"零感知"。本案例适用于配电线路不停电检修、改造，减少用户停电范围，降低客户图停电感知度的参考。

一　工作背景

　　随着社会经济的不断发展，电力用户对可靠供电水平需求不断提升，对供电企业不停电作业能力提出了更高要求，利用联络线路进行负荷转供和带电作业等手段能够有效减少施工检修和配网故障情况下的客户停电，但部分线路受限于网架结构和地理环境等因素无法满足客户的持续供电。国网莱芜供电公司积极探索实践，创新提出并构建"微网"发电作业体系，以中压发电车为基础，辅以低压发电、移动箱变等电源装备，组建临时供电"微网"，有效填补带电作业盲点，实现了配电线路全业务全场景下的客户停电"零感知"，畅通服务客户不停电"最后一公里"。

二　主要做法

　　"微网"发电作为带电作业的有效补充，以中压发电作业为主，通过临时供电方式，使用户在无停电感知情况下将电源由主网切换至移动电源装备。国网莱芜供电公司内部各单位成立发电作业柔性班组，由带电作业中心统一管理调度，专职开展"微网"发电作业，同时严格操作人员准入，编制了"微网"发电作业资质培训及考核实施方案，明确了培训周期、取证、复证等时间节点，将理论学习、现场实操等课程进行了固化，由国网莱芜供电公司兼职培训师与设备厂家联合教学保证培训效果，"微网"发电作业人员必须经培训后持证上岗。

国网莱芜供电公司通过编制《"微网"发电作业通用运行规程》，明确了典型"微网"发电作业场景选用原则及作业流程、主要装备安全运行要求、断路器设备命名编号规则、装备故障和事故处理原则方法等，使"微网"发电新型作业方式具备基本安全运行条件，确保装备安全使用方法有据可查、有据可依。

为配合青兰高速莱芜段拓宽建设，国网莱芜供电公司需对10kV吕楼线30—33号杆进行迁改，34号杆后段无联络线路，且接带了防疫用品生产企业、中学、自来水站等重要客户，常规带电作业方式无法保障施工点后段用户供电，因此决定将中压发电车并网接入34号杆以下线路，再断开与主网连接，34号杆后段形成临时"微网"供电。10kV发电车是集柴油发电机组和10kV高压盘柜、柔性电缆为一体的车载式可移动分布式电源，额定电压10kV、额定容量1000kW，具有移动方便、结构紧凑、现场连接方便快捷、供电周期性长等特点，可实现对多台配电变压器（"一对多"）供电。

带电作业班人员按照工作计划到达现场，停用线路重合闸，在工作负责人的现场指挥下，首先由地面人员完成柔性电缆铺设、快速插拔头插接等工作，随后由斗内电工对导线、横担、电杆进行绝缘遮蔽，然后安装绝缘横担，将柔性电缆用过绝缘斗臂车小吊拉升，固定到绝缘横担上后完成带电搭接，随后完成核相、带电并网，断开34号杆前端断路器，中压发电车独立接带10kV吕楼线34号杆后段负荷。经过8个多小时紧张作业，道路两侧横跨高速的线杆和导线被成功拆除，整个迁改工程全部完毕，合上34号杆前端断路器，最后中压发电车停机、带电作业人员现场拆除发电车电缆的设备连接，恢复正常供电方式，工作任务全部完成。现场作业见图6-13。

采取发电车带电并网方式，整个作业过程用户零感知，保障了防疫企业等重要客户和上千户居民的正常用电，减少停电时户数300余时户。下一步，国网莱芜供电公司将始终坚持"不停电就是最好的服务"工作理念，依托现有设备及技术，加大对中压发电车带电并网的应用，挖掘中压发电车对提升供电可靠性的支撑作用，不断创新带电作业方式，大力实施带电作业，减少停电计划，降低用户停电感知度，提升供电服务质量。

图6-13 "带电作业+微网发电"现场图

旁路"续航"，助力同塔多回线路不停电检修
——国网枣庄供电公司带电作业典型经验

简介

本案例主要介绍了旁路作业法在解决同塔多回线路不停电检修作业中的典型实践，借助旁路系统，最大程度拓展作业地点施工空间，大幅降低同塔多回线路不停电检修作业实施难度和作业风险，在不影响线路正常供电的情况下，完成同塔多回线路一二次融合断路器新装，优化线路结构，满足分段要求，实现线路负荷的"小区间化"运行，缩小故障停电区域，提升线路供电可靠性。本案例适用于同塔单回、多回10kV配网架空线路老旧设备更换、线路结构优化改造及线路下地迁改等工作。

一　工作背景

2022年3月，国网枣庄供电公司滕州供电中心开展110kV北辛站配电线路配电自动化标准化配置改造工作，针对不满足线路分段要求的10kV21城内线、33保温瓶线、15华电线、17阳光线、40商务线、23滨江I线变电站近区主干线新加装一二次融合断路器。因上述6条线路同塔架设，若按照停电改造方式，将产生停电时户数612时户，停电影响范围广，供电服务压力大。

为落实国家电网有限公司"人人管可靠性、人人为可靠性"的工作理念，打造"五好"（预算执行好、数据质量好、重停、大范围和超长时间控制好）可靠性样板要求，国网枣庄供电公司滕州供电中心积极开展不停电作业可行性论证，由该中心主要负责人牵头开展多轮次现场勘察和方案审查，最终在国网枣庄供电公司运检部和带电作业中心的指导下，制定形成了旁路作业法柱上断路器错位安装的不停电检修方案。

二　主要做法

为降低同塔多回线路不停电检修作业实施难度和作业风险，根据上述6条线路实际情况，优先选择耐张杆开展柱上断路器新装工作，考虑检修效率，对于具备柱上断路器安装位置的同一耐张杆可同时加装2台断路器，见图6-14，最终形成如下柱上断路器错位安装方案。

110kV北辛站10kV21城内线主干2号塔（耐张杆）、33保温瓶线主干2号塔（耐张杆）、15华电线主干4号塔（直线杆）、17阳光线主干5号塔（直线杆）、40商务线主干6号塔（直线杆）、23滨江I线主干7号塔（直线杆）。

图6-14　柱上断路器错位安装图

（1）对具备耐张杆作业条件的10kV21城内线和33保温瓶线，采用绝缘引流线在线路两侧搭建旁路的作业方式开展带负荷加装柱上断路器作业。

具体实施步骤：对作业范围内的多回架空线路设置绝缘遮蔽隔离措施，安装柱上断路器，短接绝缘引流线并测量分流，开断耐张引线，连接断路器引线，核相无误后合上柱上断路器并检测通流正常，拆除绝缘引流线，拆除绝缘遮蔽隔离措施，带负荷加装柱上断路器作业见图6-15。

（2）对不具备耐张杆作业条件的15华电线、17阳光线、40商务线、23滨江I线，综合考虑首端线路负荷情况、施工空间和安全要求，4条线路均采用移动箱变车在线路两侧搭建旁路的作业方式开展带负荷直线杆改耐张杆并加装柱上断路器作业。

第六章　不停电作业应用

图6-15　带负荷加装柱上断路器作业

　　具体实施步骤：对作业范围内的多回架空线路设置绝缘遮蔽隔离措施，安装、检测旁路设备，安装柱上断路器，在移动箱变车旁路负荷开关确在分位的状态下连接旁路柔性电缆与主导线，核相无误后合上移动箱变车旁路负荷开关并检测分流正常，直线改耐张，连接断路器引线，核相无误后合上柱上断路器并检测通流正常，拉开移动箱变车旁路负荷开关，将旁路柔性电缆拆离主导线，拆除绝缘遮蔽隔离措施。

　　2022年3月28日，在国网枣庄供电公司带电作业中心组织下，滕州供电中心、市中供电中心带电作业人员通力协作，最终在不影响上述线路正常供电的情况下，顺利完成同塔六回线路一二次融合断路器新加装任务。

三 主要成效

　　上述线路位于滕州市城区北部，该区域既有政务中心，又有奥体中心，还有多个居民小区，停电难度大、影响范围广，通过优化施工方案，实现了上述同塔六回线路检修作业客户不停电、检修作业客户零感知，可有效助力地方经济发展，降低居民停电频率，提高供电可靠性和幸福指数。